Wael Bahia
Sarra Souayah
Salima Ferchichi

Expressão do miR-21-5p em abortos espontâneos: papel inflamatório

Wael Bahia
Sarra Souayah
Salima Ferchichi

Expressão do miR-21-5p em abortos espontâneos: papel inflamatório

em pacientes com abortos espontâneos recorrentes

ScienciaScripts

Imprint

Any brand names and product names mentioned in this book are subject to trademark, brand or patent protection and are trademarks or registered trademarks of their respective holders. The use of brand names, product names, common names, trade names, product descriptions etc. even without a particular marking in this work is in no way to be construed to mean that such names may be regarded as unrestricted in respect of trademark and brand protection legislation and could thus be used by anyone.

Cover image: www.ingimage.com

This book is a translation from the original published under ISBN 978-620-6-70662-5.

Publisher:
Sciencia Scripts
is a trademark of
Dodo Books Indian Ocean Ltd. and OmniScriptum S.R.L publishing group

120 High Road, East Finchley, London, N2 9ED, United Kingdom
Str. Armeneasca 28/1, office 1, Chisinau MD-2012, Republic of Moldova, Europe
Printed at: see last page
ISBN: 978-620-8-15874-3

Conteúdo

Currículo

O aborto espontâneo recorrente (AER) é definido como duas ou mais perdas fatais recorrentes consecutivas durante os primeiros trimestres de gravidez. Atualmente, 50% dos casos permanecem inexplicados. A RSA é uma doença heterogénea e a compreensão dos seus mecanismos fisiopatológicos é um tema de grande interesse para estudos de associações genéticas e epigenéticas. A via da inflamação, influenciada pelo hsa-miR-21- 5p e pelos genes *NFκBI* e *IL-6*, desempenha um papel crucial na manutenção do equilíbrio necessário para uma gravidez bem sucedida.

O nosso trabalho de mestrado consistiu em estudar a associação entre o risco de RSA e os três polimorfismos (rs4648143, rs41275743 e rs28362491) do gene *NFκBI* numa coorte caso-controlo de 243 doentes e 251 controlos da população tunisina. A genotipagem foi determinada por PCR-RFLP e a introdução e análise de dados foram efectuadas utilizando SPSS 24.0, Haploview 4.2 e SNPstats.

Os resultados mostraram uma associação dos três polimorfismos com o risco de RSA, em particular o rs28362491, com uma diferença estatisticamente significativa nas frequências alélicas e genotípicas entre os dois grupos de estudo. O estudo haplotípico mostrou o envolvimento de 4 haplótipos na ocorrência de RSA, nomeadamente TAG e AGG. Relativamente ao estudo da expressão diferencial do hsa-miR-21-5p com *NFkB1* e *IL-6* por qPCR, os nossos resultados não permitem tirar conclusões definitivas, devido ao número limitado de amostras e à raridade de casos de mulheres que sofreram quatro ou mais abortos espontâneos sucessivos sem terem filhos.

Palavras-chave: ASR, *NFkB1*, *IL-6*, polimorfismo genético, microRNA, qPCR, RFLP.

Introdução

O aborto espontâneo a repetição (ARS) representa um obstáculo reprodutivo relativamente comum que afecta 15 a 25% das gravidezes (El Hachem et al., 2017). A SRA é uma das anomalias reprodutivas mais complexas e é frustrante para o casal, as suas famílias e os médicos que a tratam. O diagnóstico e a intervenção terapêutica dependem do conhecimento do risco de perda de fetos e da possibilidade de encontrar uma etiologia tratável (Ford e Schust, 2009).

A RSA é uma complicação multifatorial e mal compreendida; vários fatores contribuem para sua patogênese, incluindo anormalidades anatômicas, anormalidades endócrinas, fatores ambientais, anormalidades genéticas e fatores imunológicos. No entanto, a etiologia é desconhecida em aproximadamente 50% dos casos de RSA, designada como RSA inexplicada ou RSA idiopática (IRSA) (Miyaji et al., 2019).

A inflamação, como resposta imunitária do organismo a agentes patogénicos, é considerada uma das principais causas da RSA, contribuindo para o insucesso reprodutivo, incluindo a perda de gravidez precoce e recorrente, devido à desregulação dos seus mediadores, incluindo as células NK e os linfócitos T (Kwak-Kim et al., 2014).

Entre as várias vias de inflamação, a via do fator de transcrição κB (NF-κB) desempenha um papel crucial na gravidez (Gomez-Chavez et al., 2021). O NF-κB representa uma família de cinco membros (NFkB1, NFkB2, RelA, RelB e c-Rel) que regula as respostas imunitárias inatas e adaptativas durante a gravidez. Controla as citocinas necessárias para a implantação, invasão e diferenciação das células trofoblásticas, mantendo o equilíbrio entre as citocinas Th1 e Th2 para garantir que a gravidez decorra sem problemas. Em contraste, qualquer desregulação do NF-κB leva à perda da gravidez (Gomez-Chavez et al., 2021; Yang et al., 2022).

O *NFKBI* é um gene que codifica duas subunidades (p50 e p105) do NF-κB, localizado no cromossoma 4 no locus 4q24 e é essencial na determinação das respostas inflamatórias. A dërëgulation da expressão e atividade DO NF-κB pode dever-se a variações gënëticas ou polimorfismos de nucleótido único (SNPs) do gene *NFKBI*, que está provavelmente associado à ASRI. Entre esses polimorfismos, o tipo de inserção / deleção rs28362491 está ligado a um alto risco de RSA inexplicável (Arisawa et al., 2013; Misra et al., 2016).

A complexidade da resposta inflamatória requer uma rede reguladora sofisticada para desempenhar funções ao nível dos sinais e genes do processo inflamatório, particularmente os do fator de transcrição da família NF-κB. Esta rede é constituída por um conjunto de phëpigënëtic phënomënes tais como тёЛу1айпо 1 DNA e modificações de histonas que se têm mostrado cruciais na regulação de genes inflamatórios (Bayarsaihan 2011).

Nas últimas décadas, um dos processos epigenéticos mais revolucionários foi a descoberta de pequenos RNAs não codificantes chamados microRNAs (ou miRNAs) que regulam a expressão genética a vários níveis. Sabe-se geralmente que se ligam a sequências específicas localizadas na extremidade 3' não traduzida (3'UTR) dos seus mRNAs alvo, o que resulta quer na repressão da tradução quer na degradação dos mRNAs alvo. Os miRNAs também se ligam à extremidade 5'-UTR, à região codificadora ou à região promotora dos mRNAs, inibindo a expressão do gene. A inflamação é regulada principalmente por miRNAs, uma vez que estes modulam a expressão de citocinas inflamatórias e o crescimento de células inflamatórias. Várias doenças associadas à gravidez, como a pré-eclampsia (PE) e a diabetes, são frequentemente caracterizadas por uma resposta inflamatória exacerbada, e os miRNAs desempenham um papel vital no desenvolvimento destas complicações (Zhang et al., 2021; Das e Rao, 2022).

Atualmente, a RSA não dispõe de um tratamento eficaz nem de um biomarcador fiável para o diagnóstico e o prognóstico. Os microRNAs circulantes foram recentemente considerados como potenciais biomarcadores de complicações associadas à gravidez devido ao seu papel fundamental no desenvolvimento e função da placenta, regulando a diferenciação, invasão e proliferação de células trofoblásticas (Jairajpuri et al., 2021; Xu et al., 2022).

Alguns estudos mostraram o envolvimento de microRNAs na patogénese da RSA. Por exemplo, o miRNA miR-365 desempenha um papel no aborto recorrente ao regular a apoptose do trofoblasto, bem como o miR-27a-3p, que participa nesta complicação ao diminuir a expressão de HLA-G. O miR 155-5p inibe a via de sinalização NF-κB na ASR para permitir o crescimento de células deciduais responsáveis pelo desenvolvimento da placenta (Au - Farine et al., 2018; Zhang et al., 2021).

Uma associação entre outro microRNA, hsa-miR-21-5p, e inflamação no contexto de RSA foi previamente identificada através de análise bioinformática pelo Dr. Bahia Wael e colegas. Esta pesquisa tem rëyë!ë uma correlação ëйоке entre hsa-miR-21-5p e *NFκBI*, sugerindoë que sua interação influencia a regulação de 1 inflamação relacionada à ASR. Essa conexão é caracterizadaërisëe por um feedback iregativo, ou seja, esse microRNA interage com o *NFκBI*, induzindo uma altëração de sua ativ^ (Bahia et al., 2020).

No entanto, nosso presente trabalho apresenta um avanço significativoëe ao transformar esse conhecimento em um estudo in vitro ëstudy. Ao implementar uma extensa pesquisa bibliográfica e uma mëtodologia rigorosa para confirmar essas importantes ligações entre hsa-miR-21-5p e a via de inflamação *NFκBI* e também para fornecer ënovos insights sobre seu papel em rëpëtës abortos espontâneos. Esta abordagem in vitro irá reforçar a nossa compreensão dos mecanismos subjacentes a esta condição, abrindo caminho para futuros avanços no diagnóstico e tratamento destas situações dëlicadas.

No nosso estudo, iremos determinar as frequências antigas, gënotípicas e haplotípicas, bem como a variabilidade gënëtica^ dos três SNPs do gene *NFκBI* (rs41275743, rs4648143, rs28362491 INDEL) e para estudar a associação gënëtica entre o risco de RSA e estes SNPs numa coorte de "castitimontrol" da população tunisina.

Iremos ëalém disso ëestudar a expressão difërencial de hsa-miR-21-5p e de um grupo de gënes alvo da sua via de inflamação (*NFκBI* e *IL-6) nos* dois grupos de participantes do sexo feminino.

CAPÍTULO 1

Sumário

Bibliografia

1. Abortos espontâneos repetidos

1.1 Definição

O aborto espontâneo de repetição (AER) ou aborto espontâneo é uma complicação multifatorial que constitui um verdadeiro obstáculo reprodutivo para os casais que tentam engravidar, afectando 2 a 5% dos mesmos. Além disso, 15 a 20% das gravidezes podem terminar em perda espontânea (Ng et al., 2021). De acordo com uma estimativa mundial, ocorrem 23 milhões de casos por ano (Turesheva et al., 2023).

As diferentes perspectivas médicas sobre a ASR conduzem a uma variedade de definições. De acordo com a Organização Mundial de Saúde (OMS), é a expulsão de um embrião ou feto com peso inferior a 500 gramas (Sejourne et al., 2008). A American Society of Reproductive Medicine (ASRM) e a European Society of Human Reproduction and Embryology (ESHRE) partilham uma definição comum de RSA, embora esta última exclua a gravidez extra-uterina e a gravidez molar. Ambas consideram a RSA como a ocorrência de duas ou mais perdas clínicas de gravidez (ASRM, 2012; ESHRE, 2017). [eme]Algumas fontes bibliográficas definem a RSA como a ocorrência de duas ou mais perdas gestacionais consecutivas antes das 20 semanas de gestação (Dimitriadis et al., 2020; Vomstein et al., 2021).

1.2 Classificação

Os ASRs podem ser subdivididos em duas classes:

- **ASR precoce**

Um aborto espontâneo é a expulsão espontânea de uma gravidez intra-uterina antes das 14 semanas de amenorreia (SA). O aborto espontâneo recorrente é definido como três ou mais abortos espontâneos consecutivos antes das 14 SA (Delabaere et al., 2014).

- **ASR tardio**

Um aborto tardio é a evacuação espontânea de um feto não viável entre 14 SA e 22 SA ou com peso inferior a 500g (Delabaere et al., 2014; Toupet et al., 2015).

1.3 Causas

Apesar da identificação de numerosos factores de risco, a RSA é frequentemente considerada como RSA idiopática, porque em 50% dos casos, a sua causa é imprecisa ou desconhecida (Jairajpuri et al., 2021).

1.3.1 Anomalias anatómicas

As malformações uterinas congénitas, como o útero arqueado, septado, unicornuado, bicornuado e didelfo (Bashiri, 2016; Dimitriadis et al, [eme]2020), bem como malformações adquiridas, como pólipos endomëtriais, adhërences intra-uterinas e miomas uterinos, podem estar associados à ASR durante o 1ᵉ e 2° trimestres de gravidez (Turocy e Rackow, 2019).

1.3.2 Trombofilia

A trombofilia é uma anomalia que afecta a coagulação sanguínea, aumentando o risco de doenças tromboembólicas venosas ou arteriais. [ereme]Pode ser hereditária, ligada a mutações genéticas no fator V de Leiden e no fator II, ou adquirida, associada a anticorpos antifosfolípidos (aPL) ligados à perda de gravidez durante o 1.º e o 2.º trimestres (ESHRE, 2017; Dimitriadis et al., 2020).

1.3.3 Factores endócrinos

I.3.3.1 Função tiroideia

As perturbações das hormonas tiroideias e da imunidade antitiroideia são responsáveis por perturbações da fertilização, da eenbrvogénese e, por conseguinte, da perda de gravidez

(Dimitriadis et al., 2020). Os anticorpos anti-tireoglobulina (anti-TG) e anti-tiroperoxidase (anti-TPO) aumentam significativamente o risco de aborto espontâneo (Dong et al., 2020; Godines-Enriquez et al., 2021).

I.3.3.2 Síndrome dos ovários poliquísticos (SOP)

Esta síndrome tem sido associada a inúmeras complicações na gravidez, como perda de fetos e diabetes gestacional. No entanto, não há evidências suficientes para afirmar que a SOP é um fator de risco independente para RSA (Dimitriadis et al., 2020).

As pacientes com SOP têm uma prevalência significativa de trombofilia, levando a taxas mais ëlevës de perda de gravidez (Kazerooni et al., 2013).

1.3.4 Doenças infecciosas

As infecções por Cytomëgaloviius, vírus Herpes simplex, rubëole, toxoplasma, sífilis e micoplasma podem contribuir para a RSA. A infeção por *Chlamydia trachomatis* está fortemente associada a várias dëfavorabIes da gravidez, como a RSA, bem como a vaginose bacilar, que parece aumentar o risco dessa complicação (Merviel et al., 2005; Shaheen e Saxena, 2022).

1.3.5 Factores ambientais

1.3.5.1 Obesite

A obesidade representa um fator de risco independente para 1RSA devido ao seu impacto na saúde reprodutiva das mulheres. [2]É дëГтс, de acordo com a OMS, por um índice de massa corporal (IMC) > 30Kg/m e está associada a subfertil^, bem como a um risco aumentado de perda de gravidez (ESHRE, 2017; Dimitriadis et al., 2020).

1.3.5.2 Idade materna

A idade avançada da mulher é um fator bem estabelecido na perda recorrente da gravidez, pois está implicada na subfertilidade feminina e nas anomalias fetais. É um fator determinante no prognóstico de um nascimento vivo (ESHRE, 2017). O risco de RSA é de 9 a 12% em mulheres com menos de 35 anos. Em contrapartida, aumenta até 50% nas mulheres com mais de 40 anos em comparação com as mulheres mais jovens (El Hachem et al., 2017).

1.3.5.3 Fumar

Sabe-se que o tabagismo materno tem efeitos adversos na reprodução, como o aumento do risco de descolamento da placenta, sangramento durante a gravidez e redução da fertilidade devido ao facto de a nicotina restringir o fluxo sanguíneo para Harris e para a placenta (Bashiri, 2016). № No entanto, há controvérsia em relação à associação entre tabagismo e perda de gravidez, pois alguns ëtudos não encontraram6 uma correlação significativa (Ford e Schust, 2009; Ng et al., 2021).

1.3.5.4 Alcoolismo

O consumo de álcool tem um impacto negativo na gravidez, uma vez que atravessa facilmente a barreira placentária. Uma quantidade de álcool superior a 80g/semana conduz à Síndrome Alcoólica Fetal. Consequentemente, pode ser responsável pelo atraso do crescimento intrauterino e pela paragem do crescimento fetal (Benammar et al., 2012).

1.3.5.5 Consumo de cafeína

A cafeína consumida a partir do café, do Jlë e de certos refrigerantes atravessa a barreira placentária e reduz o fluxo sanguíneo placentário, aumentando os níveis de catecolaminas circulantes. A cafeína parece estar associada à ASR, pois pode aumentar o risco de desenvolvimento cardiovascular fretal anormal e retardo de crescimento intra-^rino (Benammar et al., 2012).

1.3.6 Causas masculinas

A integridade do genoma do esperma é crucial para o sucesso de uma gravidez. Vários fatores masculinos, como quanta e qualidade do esperma ^, mutações ou polimorfismos gënëticos, estrutura do cromossomo espermático e anormalidades no número, fragmentação do DNA do esperma, bem como alterações epigenéticas e idade do përe têm recebido atenção significativa, pois têm sido associados à ASR. (Yu e Bao, 2022).

1.3.7 Factores genéticos

1.3.7.1 Anomalias cromossómicas

As anomalias cromossómicas são responsáveis por 50-60% das RAE precoces e podem ser de origem parental ou de novo. As anomalias parentais mais comuns incluem translocações recíprocas, translocações Robertsonianas e inversões (El Hachem et al., 2017; Priya et al., 2018).

As aberrações cromossómicas fetais incluem anomalias estruturais, mosaicismo gënëtico e aneuploi'die. Este último é consideradoërëe a causa mais fequente de RSA precoce, cuja taxa e complexidade aumentam significativamente com a idade materna (Bashiri, 2016; Kaser, 2018).

1.3.7.2 Mutações genéticas

Numerosas mutações estão associadas à ASR, nomeadamente as que afectam o fator V de Leiden e o gene da protrombina, bem como polimorfismos em genes relacionados com o fator de crescimento endotelial vascular (VEGF), a óxido nítrico sintase endotelial (eNOS), as metaloproteinases da matriz (MMPs) e os receptores de progesterona e estrogénio (Mtiraoui et al, 2005; Bahia et al., 2020).

1.3.8 Factores imunológicos

1.3.8.1 O sistema HLA

O sistema HLA pode desempenhar um papel crucial na fertilidade, no estabelecimento da gravidez e na sobrevivência do embrião. A compatibilidade do sistema imunitário da mãe com o do feto é crucial para a manutenção da gravidez, uma vez que a mãe e o feto são geneticamente diferentes. O HLA-G, expresso na superfície das células trofoblásticas, é uma das principais moléculas envolvidas na regulação da resposta imunitária materna durante a gravidez. Alterações na via do HLA-G contribuem para o desequilíbrio imunológico e aumentam o risco de aborto espontâneo (Yazdani et al., 2018; Barbaro et al., 2023).

1.3.8.2 Células NK

As células NK reguladoras uterinas (uNK) são células NK altamente granulares que se encontram na mucosa do útero. Durante uma gravidez normal, o aumento do número destas células é essencial para garantir o sucesso reprodutivo, uma vez que desempenham um papel fundamental na invasão do trofoblasto e na placentação adequada. De facto, uma diminuição do número destas células uNK ou a sua disfunção está intimamente associada à RSA (Vomstein et al., 2021; Yang et al., 2023).

1.3.8.3 Linfócitos T

Os linfócitos T auxiliares (THLs) desempenham um papel central na modulação das respostas imunitárias. Durante a gravidez, cada subconjunto de células Th, tais como Th1, Th2, células T reguladoras (Treg) e Th17, desempenha funções variáveis, incluindo o desenvolvimento fretal e a vigilância imunológica (Graham et al., 2021).

As Treg desempenham um papel dominante na manutenção e tolerância imunológica do feto durante a gravidez, ëlevës níveis de Treg são dëtectës na gravidez normal, enquanto uma população reduzida de Treg CD4 + a ёlё sinalização em mulheres com RSA (Zhao et al., 2020; Wang et al., 2022).

As células Th17, que produzem a citocina inflamatória interleucina-17 (IL-17), fornecem defesa contra infecções, doenças auto-imunes e distúrbios inflamatórios. Esta linhagem influencia o sucesso da gravidez, bem como o desenvolvimento de patologias relacionadas com a gravidez, como a ASR. As células Th1 e Th2 sёcrётentam citocinas para assegurar o bom funcionamento das várias fases da gravidez, em particular a implantação e a placentação. No entanto, um desequilíbrio nas suas atividades pode levar ao aborto espontâneo (Fu et al., 2014; Graham et al., 2021).

1.3.8.4 Citocinas

As citocinas são proteínas produzidas pelas células imunitárias, em particular os THL, e desempenham um papel crucial no desenvolvimento celular, na comunicação e na regulação da resposta imunitária (Zhang et An, 2007; Chauhan et al., 2021).

Existem dois tipos principais de citocinas que são produzidas por diferentes populações de células LTh, citocinas do tipo Th1 chamadas citocinas pró-inflamatórias (IL-ie, IL-2, IL-6, IL- 12, IL-18, TNF-a, IFN-y) que amplificam a resposta inflamatória e citocinas do tipo Th2 (IL-4, IL- 5, IL-10, IFNa, TGFe), nommёes citocinas anti-inflamatórias, que reprimem essa resposta (Lee et al., 2019; Lordan et al,. 2019).

Certas citocinas podem ter um impacto positivo ou negativo na gravidez. Por exemplo, citocinas como a IL-4, IL-6 e IL-10 parecem favorecer uma gravidez bem sucedida, enquanto que
1 IFNy e TNFa podem ser prejudiciais, alterando o crescimento e a função das células do trofoblasto (Daher et al., 2004; Bashiri, 2016).

11. Inflamação

11.1 Descrição

A inflamação é um mecanismo de defesa essencial para a saúde e é uma resposta biológica do sistema imunitário destinada a eliminar estímulos nocivos como agentes patogénicos, células danificadas, compostos tóxicos e irritantes, que desencadeiam respostas inflamatórias em vários sistemas vitais, e mesmo no sistema reprodutor, activando células inflamatórias e vias de sinalização inflamatória que são mais frequentemente as vias NF-κB, MAPK e JAK-STAT. Esta resposta inflamatória promove assim a reparação dos tecidos e o processo de cicatrização (Chen et al., 2018).

Além disso, as respostas imunes inflamatórias são uma das principais causas de RSA envolvidas em falhas reprodutivas, incluindo perda de gravidez precoce e recorrente. As respostas imunes celulares, particularmente aquelas mёdiёadas por células NK e células T, são mais frequentemente desreguladas neste contexto (Kwak-Kim et al., 2014). É ёgalement enfatizado que respostas inflamatórias prolongadas e descontroladas podem prejudicar o crescimento e o desenvolvimento fetal. Em última análise, a inflamação, seja sistémica ou local, está intimamente associada à RSA, sugerindo o envolvimento do processo inflamatório na RSA (Jiang et al., 2021).

11.2 Mecanismo da inflamação

11.2.1 Durante uma gravidez normal

A gravidez é uma condição pró-inflamatória e anti-inflamatória, consoante a fase da gestação. Durante a implantação, a placentação e o primeiro e segundo trimestres de gravidez, é necessária uma forte resposta pró-inflamatória do tipo Th1 para assegurar a reparação adequada do epitélio uterino e a eliminação dos danos celulares.

A segunda fase imunológica da gravidez é um período de crescimento e desenvolvimento fetal (**Figura 1**). A mãe, a placenta e o feto são simbióticos, estabelecendo um estado anti-inflamatório do tipo Th2. Finalmente, o parto ocorre através de uma inflamação renovada. Este estado pró-inflamatório promove a contração do útero, a expulsão do bebé e a rejeição da placenta (Mor et al., 2011).

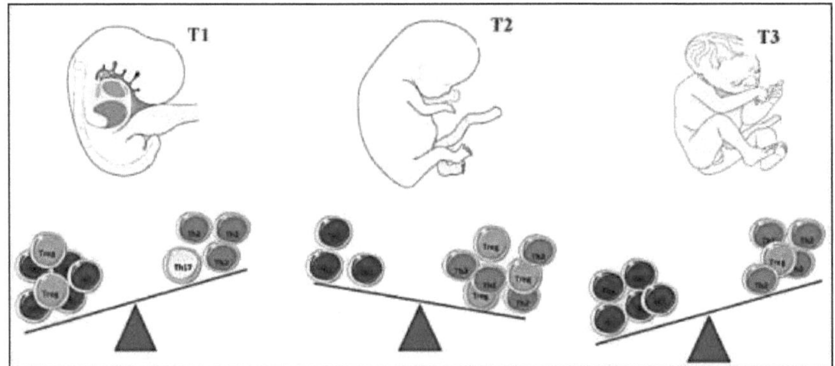

Figura 1: Equilíbrio dos subconjuntos de células Th durante cada trimestre da gravidez (Graham et al., 2021)

Descrição: O primeiro trimestre da gravidez (**T1**) está associado a um ambiente predominantemente de células Th1, necessário para a implantação do blastocisto. Após a implantação, o segundo trimestre (**T2**) é caracterizado por um ambiente imunitário anti-inflamatório Th2, necessário para o desenvolvimento fetal. Finalmente, durante o terceiro trimestre (**T3**), há uma mudança para um estado imunitário inflamatório associado a células Th1, necessário para o parto. As células Treg estão presentes em todos os trimestres devido ao seu papel no sucesso da gravidez, através da manutenção da tolerância imunitária materna ao feto.

11.2.2 No ASR

Um dërëglement de células Th, bem como a sobreactivação de células NK, estão associados a múltiplas complicações obstétricas e mesmo à RSA (Graham et al., 2021; Jiang et al., 2021).

Um desequilíbrio não só entre as células Th1/Th2, marcado por uma predominância notável da imunidade Th1 sobre a Th2, favorecendo um ambiente de implantação desfavorável, mas também uma desregulação entre as células Th17/Treg parece conduzir à RSA (**Figura 2, Figura 3**) (Park et al., 2022).

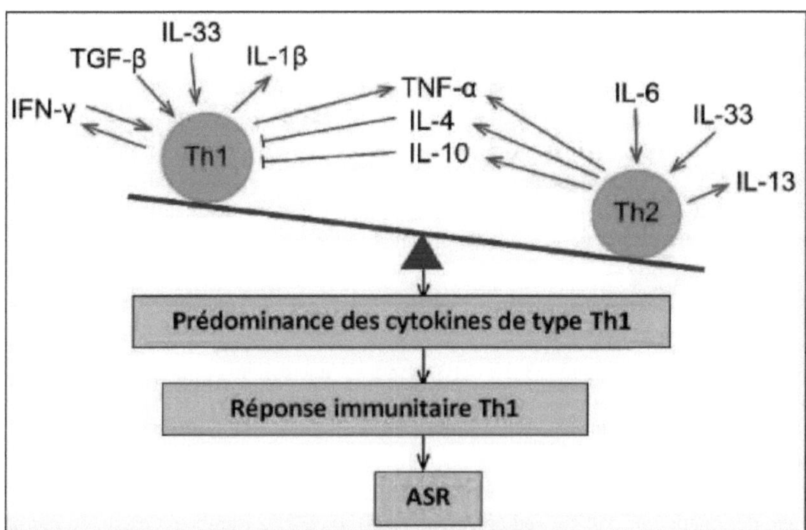

Figura 2: Desequilíbrio de citocinas Th1/Th2 em doentes com RSA (Yang et al., 2023)

Descrição: O i'JFN-y, segregado pelas células Th1, em associação com o TGF-в e a IL-33, assegura a diferenciação das células Th1. A IL-33 e a IL-6 promovem a diferenciação e estimulação das células Th2 que produzem IL-4 e IL-10, inibindo a produção das células Th1. A desregulação do rácio entre as células Th1 e Th2 desencadeia uma resposta Th1 pró-inflamatória, favorecendo o insucesso da gravidez e conduzindo à RSA.

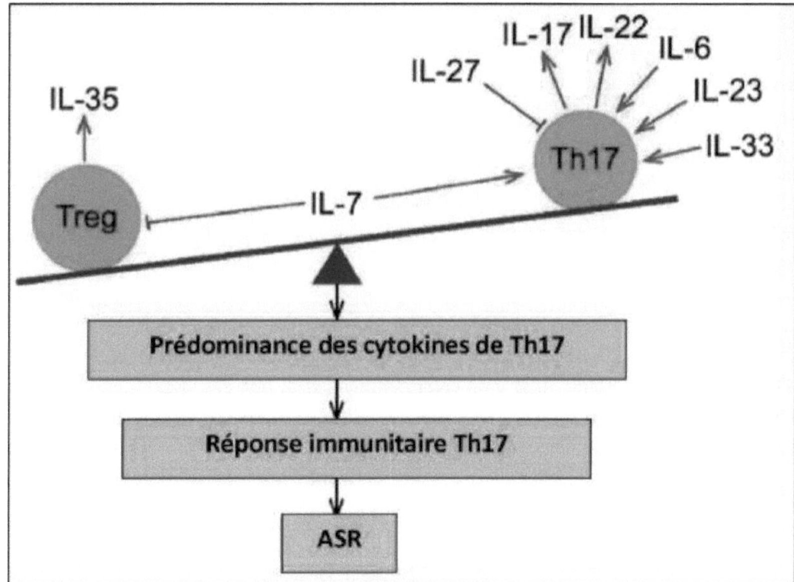

Figura 3: Desequilíbrio de citocinas Treg/Th17 em doentes com ASR (Yang et al. 2023)

Descrição: A IL-7 promove a diferenciação das células Th17 e inibe as células Treg, comprometendo assim a tolerância imunitária e promovendo respostas inflamatórias. A IL-33 contribui para a resposta imunitária das células Th17 e assegura a sua diferenciação, tal como a IL-6, enquanto a IL-23 aumenta o seu número. A IL-27, por outro lado, inibe a expressão das células Th17. Consequentemente, a produção anormal destas citocinas no sangue periférico pode levar a um desequilíbrio imunitário entre as células Treg e Th17, desencadeando uma resposta imunitária pró-inflamatória que pode eventualmente levar à RSA.

11.3 Via de inflamação

II.3.1 A via DO NF-κB

O fator transcricional nucieaire κB (NF-κB) é um fator nuclear envolvido em vários processos fisiológicos e patológicos das respostas imunitárias e inflamatórias e que controla a transcrição de mais de 400 genes, incluindo os das citocinas (Sun, 2017; Gomez-Chavez et al., 2021).

Esta família é composta por cinco membros estruturalmente relacionados, incluindo O NFκBI (também designado por p50 e o seu precursor p105), O NFκB2 (também designado por p52 e o seu precursor p100), o RelA (ou P65), o RelB e o c-Rel, que medeiam a transcrição de genes-alvo através da ligação a um elemento de ADN específico, o potenciador κB, sob a forma de hetero ou homodímeros (Baud e Jacque, 2008; Liu et al., 2017).

A atividade transcricional destas proteínas é regulada por duas vias principais:

• **A via canónica de ativação DO NF-κB**: é desencadeada por vários estímulos provenientes de diversos receptores, como os receptores de citocinas, e aplica-se predominantemente aos dímeros RelA/p50. Na ausência de ativação, estes dímeros são sequestrados no citoplasma pela sua associação com membros da família do inibidor κB (IκB), em particular a 1κBa (Baud e Jacque, 2008; Sun, 2017).

• **A via de ativação não canónica ou alternativa**: é induzida por diferentes membros da superfamília dos receptores do TNF (TNFR), como o CD40L e o BAFF (*fator de ativação das células B)*. Esta via aplica-se principalmente ao RelB. É desencadeada por diferentes membros da superfamília do TNF (*fator de necrose tumoral)* e baseia-se na proteólise induzida da proteína p100, o principal inibidor do RelB. Na ausência de ativação, os dímeros RelB/p50 e RelB/p52 são sequestrados no citoplasma através da sua associação com a p100 (Baud e Jacque, 2008; Sun, 2017).

A ativação da via canónica, ilustrada na **Figura 4**, ocorre em resposta a uma série de estímulos, incluindo citocinas. O complexo trimérico DA IκB quinase (IKK), composto pelas subunidades catalíticas IKKa e IKKe e pela IKK reguladora (também conhecida como NEMO), fosforila as proteínas IκB, nomeadamente a 1κBa, que são depois ubiquitiniladas e finalmente degradadas pelo proteassoma 26S. Os dímeros RelA/p50 assim libertados do seu inibidor chegam então ao núcleo onde se ligam a sequências específicas de DNA conhecidas como potenciadores κB dos genes alvo e assim activam a transcrição desses genes (Baud e Jacque, 2008; Sun, 2017).

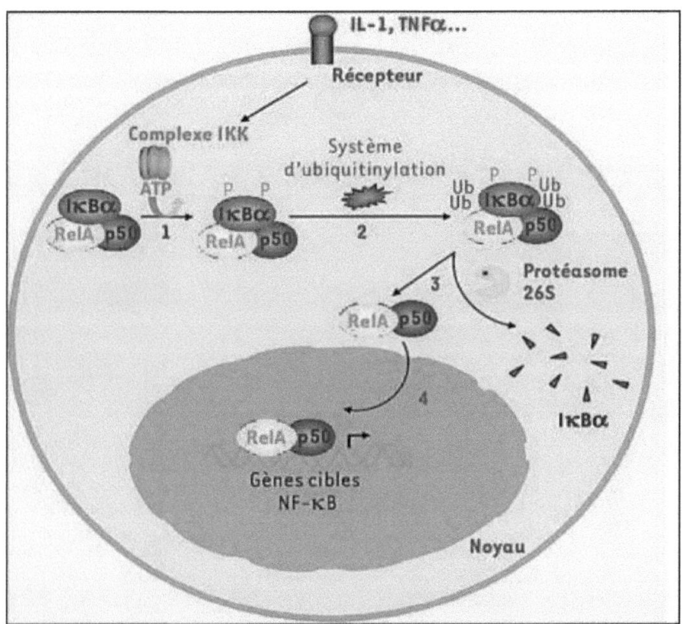

Figura 4: Via canónica de ativação DO NF-κB (Baud e Jacque, 2008)

Descrição : Após estimulação da via canónica por TNFa ou IL-1, o complexo IKK induz a fosforilação das protëinas inibitórias IκB **(1)**. Subsequentemente, AS IκBs sofrem ubiquitinilação **(2)** e dëcomposëes pelo protëasoma 26S. Isto permite a Hbëрайоп de RelA/p50 dimëres **(3)**, que migram para o núcleo para ativar a transcrição dos seus gënes alvo **(4)**.

Em resposta a um dos estímulos por uma das protëinas do TNF, a via não canónica é activada **(Figura 5)**. A protëina NIK (*NF-kB-inducing kinase)*, associada no citoplasma com a protëina adaptadora TRAF3 *(TNF recetor-associated fator 3)*, é dirigida para a membrana plasmática onde a TRAF3 é então degradada. A NIK libertada desta forma autofosforila, fosforila e ativa a IKKa, que por sua vez fosforila a p100 associada ao RelB, resultando ou na dëgradação total da p100 e na libertação dos dimëers RelB/p50, ou na protëólise parcial da p100. Em consëquência, esta liberta RelB/p52 dimëers que, por sua vez, são responsáveis pela transcrição de genes alvo (Baud e Jacque, 2008; Sun, 2017).

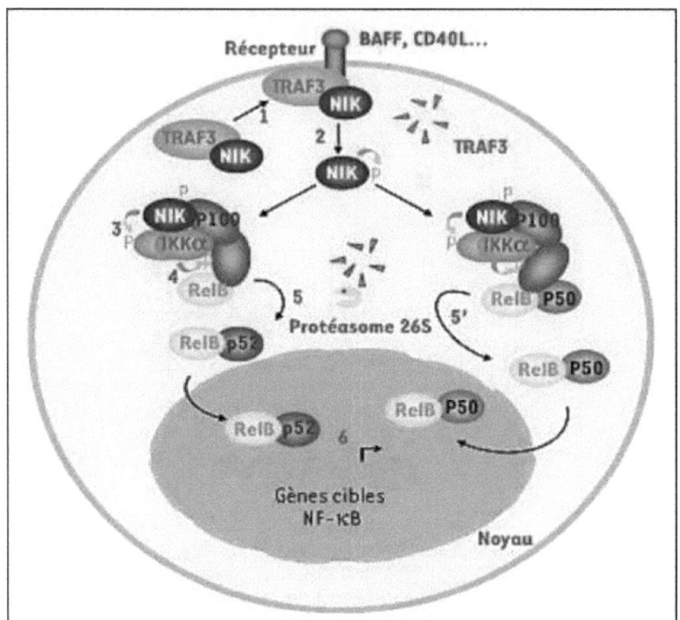

Figura 5: Via de ativação não canónica DO NF-κB (Baud e Jacque, 2008)

Descrição : Quando os receptores da família TNFR, como BAFF e CD40L, estão activos, o complexo TRAF3-NIK é recrutado para a membrana **(1)**. Subsequentemente, TRAF3 sofre dëgradação e NIK é ativado por autofosforilação **(2)**. A formação do complexo triplo NIK-IKKa-p100 **(3)** leva à fosforilação de p100 **(4)** e à sua ubiquitinilação. Este mecanismo pode levar à maturação da p100 em p52, gerando dímeros RelB/p52 **(5)**, ou à degradação da p100, libertando dímeros RelB/p50 **(5')**. Estes dímeros podem então ativar a transcrição dos seus genes alvo **(6)**.

11.3.1.1 O gene *NFκBI*

O gene humano *NFKBI* está localizado no cromossoma 4, no locus 4q24. Tem 156 kb de comprimento e compreende 24 exões, com intrões de comprimento variável entre 40 000 e 323 pb. Este gene codifica uma proteína da família Rel, denominada p105, composta por 968 aminoácidos, com um peso molecular de 105 kDa. Esta proteína actua como um inibidor da transcrição e sofre clivagem pós-traducional por dëgradação da parte C-terminal do *NFKBI*, dëpendente do protëasoma 26S. Esta clivagem produz uma protëina de 50 kDa (p50) que representa a subunidade de ligação ao DNA do complexo protëico NF-κB e corresponde ao N-terminal de p105 (Karban et al., 2004; Edenberg et al., 2008; Misra et al., 2016).

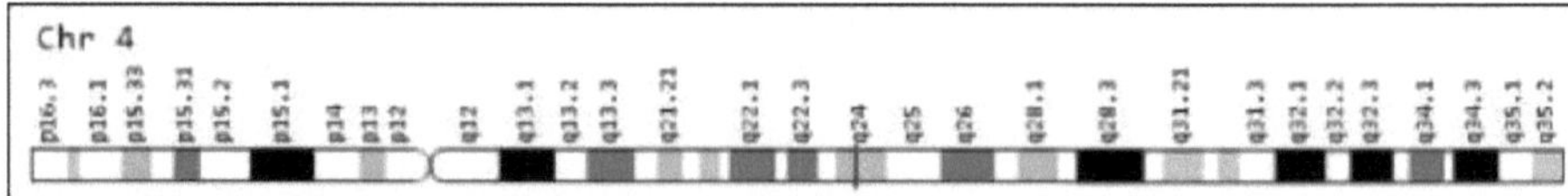

Figura 6: Localização cromossómica do gene *NFκBI* (GeneCards)

Cada uma das subunidades protëicas *DO NFκBI* contém o domínio de homologia Rel (RHD) perto do seu terminal N, que é crucial para a dimerização da subunidade, a ligação ao ADN, as interacções com as proteínas IκB e a localização nuclear determinada por uma região terminal C flexível que contém o sinal de localização nuclear (NLS). A subunidade p50 do NF-κB tem regiões ricas em glicina (GRRs) na região 375-400 que são necessárias e suficientes para dirigir a clivagem *DO NFKBI* (Huxford e Ghosh, 2009; Peterson et al., 2011).

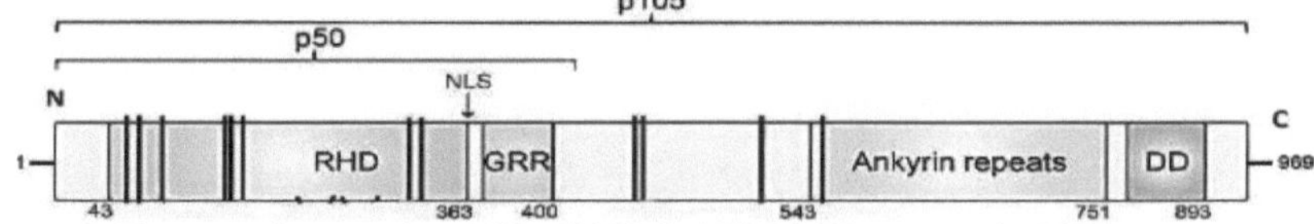

Figura 7: Estrutura das proteínas P50 e P150 *do NFkB1* (Hoeger et al., 2017)

Descrição: A proteína *NFκBI*, com as suas duas subunidades, contém 969 aminoácidos. As repetições de anquirina permitem a interação proteína-proteína e são combinadas com o *Domínio da Morte* (DD), que recruta proteínas promotoras da apoptose.

11.3.1.2 Polimorfismos no gene *NFκBI*

Os polimorfismos do gene *NFκBI* estão associados ao aparecimento de várias doenças de origem inflamatória, por exemplo :

• **rs4648143 e rs41275743:** Estes SNP estão localizados no cromossoma 4q24, precisamente no

região 3' não traduzida (3'UTR), correspondente ao sítio de ligação para microRNAs, os principais reguladores do processo inflamatório (Sun et al., 2020).

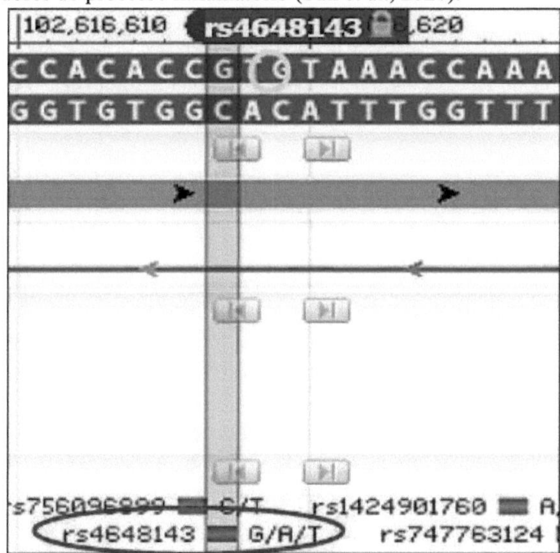

Figura 8: Localização do rs4648143 do gene *NFkB1* (GRch38, 2022)

Descrição: A variação do alelo G (assinalado a amarelo) na cadeia modelo 5'-3' pode resultar numa transição para adenina (A) ou numa transversão para timina (T), sendo esta última extremamente rara.

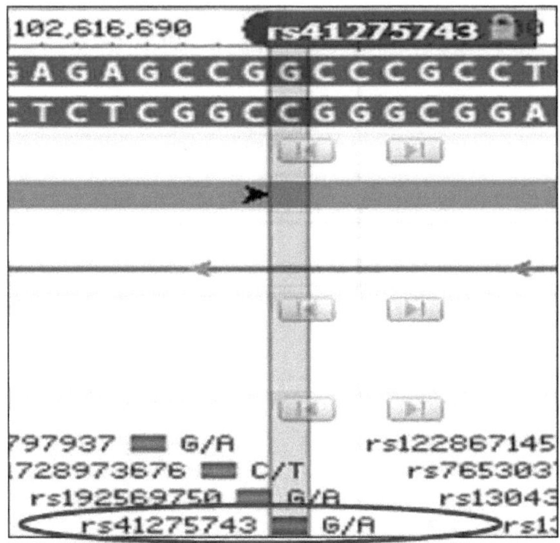

Figura 9: Localização do rs41275743 do gene *NFκBI* (GRch38, 2022)

- **rs28362491 INDEL**: Este polimorfismo de inserção/deleção do nucleótido ATTG, situc no promotor do gene *NFκBI* no locus 94 (-94ins/del ATTG), influencia a expressão da proteína P50 e modifica o nível de respostas inflamatórias. A presença de uma dëlëtion de 4 pares de bases (pb) resulta numa atividade promotora reduzida. Este SNP está ëtropicamente associado à infertilidade Hëc a Гendomëtriosis e infertilidade idiopática (Bianco et al., 2012; Sun et al., 2020).

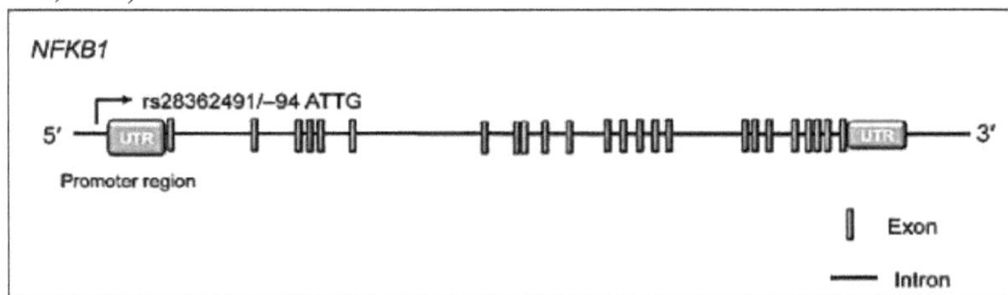

Figura 10: Localização do rs28362491 do gene *NFkBI* (Kanigur sultuybek et al., 2020)

11.3.1.3   Fisiopatologia da via DO NF-κB

A regulação DO NF-κB é crucial na gravidez, desempenhando um papel essencial na resposta imune inata do trato genital feminino antes da gestação. A redução da sua atividade pode favorecer infecções, enquanto que o exagero da sua atividade pode causar inflamação excessiva. As citocinas controladas pelo NF-κB são essenciais para a implantação fetal, promovendo a invasão e diferenciação do trofoblasto. No entanto, a ativação excessiva do NF-κB após a implantação pode causar um desenvolvimento fetal prejudicado, levando potencialmente a um parto prematuro ou aborto. Durante a gravidez, O NF-κB é regulado negativamente nas células T maternas, estabelecendo um equilíbrio entre as citocinas Th1 e Th2, com uma predominância de citocinas Th2 que é revertida no final da gestação. Quando esse equilíbrio é anormal, pode iniciar uma cascata de produção de citocinas inflamatórias prejudiciais à gestação (Challis et al., 2009; Gomez-Chavez et al., 2021).

As cascatas de sinalização intracelular que regulam a inflamação estão sujeitas a muitos níveis de regulação, incluindo a regulação por um processo epigenético. A epigenética é definida como alterações hereditárias na expressão genética que, ao contrário das mutações, não alteram a sequência do ADN. Os mecanismos epigenéticos predominantes são a metilação do ADN, as modificações da cromatina e a regulação por ARNs não codificantes (Hamilton, 2011).

Sabe-se que os mecanismos epigenéticos estão envolvidos no início e no desenvolvimento da perda recorrente da gravidez, regulando a expressão de genes-chave que determinam a diferenciação, a proliferação e a apoptose das células (Hocher e Hocher, 2018; Zhou et al., 2021).

111. Factores epigenéticos

111.1 Metilação do ADN

A metilação do ADN é um dos principais mecanismos epigenéticos que reprimem a expressão génica e está envolvida na regulação dos outros dois mecanismos, nomeadamente a modificação das histonas e a regulação da expressão génica por RNAs não codificantes. A metilação tem lugar em resíduos de citosina na posição C5 em dinucleótidos CpG localizados na região promotora do gene. Os locais CpG sujeitos a metilação estão distribuídos de forma desigual pelo genoma, formando grupos conhecidos como ilhas CpG (Kiselev et al., 2021).

A metilação está envolvida na implantação e no desenvolvimento embrionário. A metilação anormal do ADN é uma causa potencial de perda precoce da gravidez, associada ao desenvolvimento embrionário anormal e ao aborto espontâneo. Em todo o mundo, cerca de 4% dos abortos espontâneos têm sido associados à metilação anormal do ADN (Pei et al., 2019; Zhou et al., 2021).

111.2 ARN não codificante

111.2.1 RNA longo não codificante

Os RNAs longos não codificantes (lncRNAs) são definidos como transcrições não codificantes ricas em repetições com mais de 200 nucleótidos. São principalmente transcritos pela RNA polimerase II e geralmente variam em tamanho de cerca de 1 kb a mais de 100 kb. Estes RNAs são ativamente expressos durante a diferenciação e o desenvolvimento celular e regulam vários processos fisiológicos, como a expressão de citocinas e a inflamação (Statello et al., 2021; Mattick et al., 2023).

Os LncRNAs estão entre os fatores epigenéticos de interesse na regulação da expressão gênica, e a pesquisa sobre esses RNAs poderia contribuir para a compreensão dos mecanismos envolvidos na RSA idiopática (Arias-Sosa et al., 2018).

111.2.2 Interferente de ARN pequeno

Os pequenos RNAs de interferência (siRNAs ou RNAi) são pequenos RNAs não codificantes de 20 a 30 nucleótidos capazes de regular a expressão de um grande número de genes através de um mecanismo biológico conhecido como RNA de interferência, que induz o silenciamento de genes ao ter como alvo o mRNA complementar para o degradar (Dana et al., 2017; Fattal, 2020).

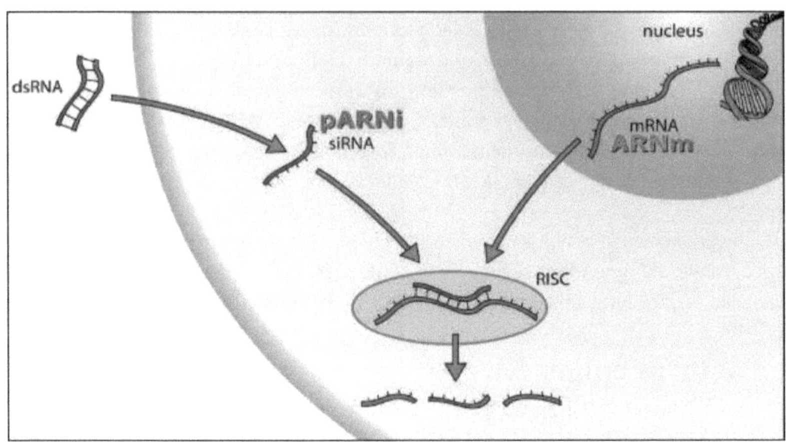

Figura 11: Modo de ação dos siRNAs (AquaPortail, 2021)

Descrição: O RNA extracelular de cadeia dupla (dsRNA) (de certos vírus) é clivado em siRNA (ou pRNAi para RNA de pequena interferência) pela ação de uma enzima do tipo RNase III chamada Dicer. Os siRNAs assim formados tęm a forma de dsRNAs, com 21 a 23 pb de comprimento, que se ligam a um complexo protëico citoplasmático chamado complexo RISC (*complexo de silenciamento induzido por RNA*), no qual uma das duas fitas é lilar enquanto a outra, cuja extremidade 5' é a mais estável, será integrada no complexo RISC e associar-se-á à protëina Argonauta Ago2 que a leva até à sua sequência alvo complementar no mRNA. O mRNA alvo é finalmente clivado através da atividade catalítica do complexo RISC, inibindo sua tradução em protëine (Dana et al. 2017; Fattal 2020).

111.2.3 MicroRNA

III.2.3.1Gera

Os microRNAs (miRNAs) são pequenos RNAs não codificantes, de cadeia simples, com cerca de 22 nucleótidos, que participam na regulação pós-transcricional de cerca de 60% dos genes, ligando-se ao mRNA alvo e afectando a sua tradução. Os miRNAs estão envolvidos em quase todos os processos fisiológicos e patológicos do organismo, incluindo a proliferação, o crescimento, o desenvolvimento, a diferenciação celular e a apoptose (Chen et al., 2021; Jairajpuri et al., 2021). Existem cerca de 2000 miRNAs no genoma humano, localizados em regiões intergénicas ou nos reguladores transcricionais de genes alvo (Jie et al., 2021).

Os miRNAs estão envolvidos na regulação das vias de sinalização, incluindo o NF-kB, e têm um impacto negativo na expressão genética durante a implantação e o desenvolvimento embrionário (Pei et al., 2019; Zhu et al., 2021). Por esta razão, vários estudos têm destacado a importância do perfil de miRNA e da análise de expressão no contexto da RSA como biomarcadores fiáveis para o diagnóstico e prognóstico de pacientes com esta complicação (Bahia et al., 2020; Jairajpuri et al., 2021).

111.2.3.1 Modo de ação dos microRNAs

Os genes que codificam os miRNAs são transcritos pela RNA polimërase II em pri-miRNAs que são clivados e transformados no núcleo em hairpins simples chamados prScursors (prS-miRNA) de cerca de 70 nucleotídeos, por um complexo protésico nuclear denominado microprocessador, constituído pelas enzimas Drosha, DGCR8 (*região crítica 8 de Di George*) e pela proteína de ligação ao ARN de cadeia dupla (dsRBP). Este prS-miRNA é transportado do núcleo para o citoplasma pela Exportina 5, onde é clivado pela enzima Dicer, libertando um pequeno miRNA de cadeia dupla de 20 a 25 nucleótidos, que é então passado para uma das quatro famílias de protinas Argonautas (Ago 1 a 4) que seleciona uma única cadeia para se tornar o miRNA maduro. O miRNA maduro, associado à protSina Ago, interage com a protSina TRBP para formar o complexo RISC (Savagner et al., 2015; Treiber et al., 2019). Este complexo RISC reconhece o ARNm alvo ligando-se a um sítio de 2 a 8 nucleótidos situado na região 3'UTR dos ARNm alvo. Os miRNAs maduros hibridizam com esta região por complementaridade de bases, induzindo a degradação do mRNA se a sequência do miRNA for perfeitamente homóloga à do seu alvo, ou a inibição da tradução no caso de homologia parcial (Savagner et al., 2015; O'Brien et al., 2018).

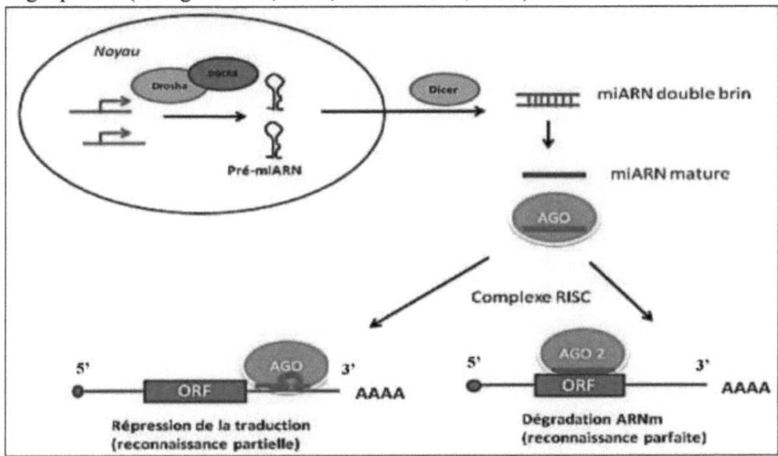

Figura 12: Biogénese e modo de ação dos microRNAs (Savagner et al., 2015).

Descrição: A proteína Ago2 do complexo RISC liga-se à estrutura de leitura (ORF) do gene alvo e provoca a degradação do mRNA, enquanto outra protëina Ago se liga perto da ORF do gene em questão, inibindo a sua tradução em proteína.

111.2.3.2   Papel dos miRNAs na gravidez normal

Os miRNAs contribuem para o desenvolvimento e manutenção da gravidez, regulando fases importantes como a diferenciação e migração dos trofoblastos, a implantação do embrião, a tolerância imunitária materno-fetal e o crescimento e desenvolvimento embrionários. No entanto, o seu papel, o nível de expressão e as variações durante as diferentes fases da gravidez continuam a ser pouco conhecidos em termos globais (Legare et al., 2022).

111.2.3.3   Papel dos miRNAs na RSA

Os microRNAs são discerníveis na maioria dos fluidos, como o plasma ou o soro. A expressão aberrante destes miRNAs é responsável por várias doenças inflamatórias, cardiovasculares e ginecológicas, incluindo a RSA (Jairajpuri et al., 2021).

A desregulação dos miRNAs na placenta tem impacto não só no desenvolvimento e função da placenta, mas também no crescimento do feto. Devido à variação da sua expressão na placenta e na corrente sanguínea materna durante as complicações da gravidez, os miRNAs podem ser utilizados como biomarcadores de diagnóstico. Desempenham um papel essencial na regulação dos genes envolvidos na proliferação, diferenciação, invasão, migração, apoptose e angiogénese das células trofoblásticas, influenciando assim o desenvolvimento da placenta. A expressão anormal de miRNAs pode perturbar a função trofoblástica, levando a complicações graves na gravidez, incluindo a RSA (Ali et al., 2021; Hakimi et al., 2023).

Foi estabelecido que os miRNAs estão envolvidos na regulação das respostas imunes e inflamatórias, bem como no aborto espontâneo. Entre esses miRNAs, o hsa-miR-21-5p parece desempenhar um papel importante na via da inflamação em mulheres com RSA (Bahia et al., 2020; Salimi et al., 2022).

111.2.3.4 Hsa-miR-21-5p

Várias vias envolvidas na RSA são reguladas por miRNAs, em particular a via de sinalização TGF-в, as hormonas da tiroide e as vias de sinalização MAPK, que têm como alvo o gene *NFкBI*. A associação entre o hsa-miR-21-5p e o gene *NFкBI* está envolvida no controlo da inflamação, que é um fator de risco na RSA. A atividade *do NFkB1* é regulada pela proteína ubiquitina ligase pellino homologue 1, cuja expressão é regulada negativamente pelo hsa-miR-21-5p, inibindo assim a atividade *do NFkB1* (Bahia et al., 2020).

De acordo com as bases de dados miRBase, RNA central e UCSC Genome Browser, o hsa-miR-21- 5p é um microRNA maduro de 22 pb com a sequência UAGCUUAUCAGACUGAUGUUGA, codificado por um gene localizado no cromossoma 17q23.1.

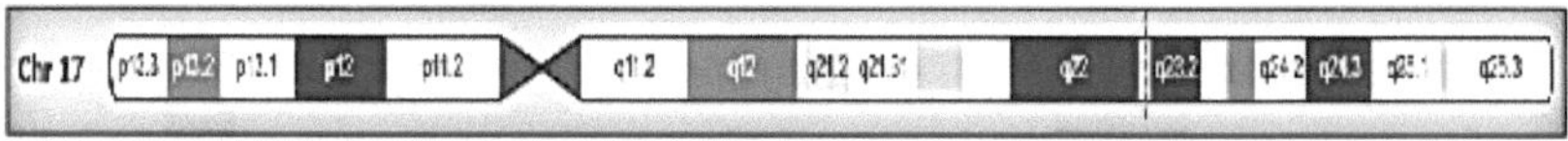

Figura 13: Localização cromossómica de hsa-miR-21-5p (RNACentral)

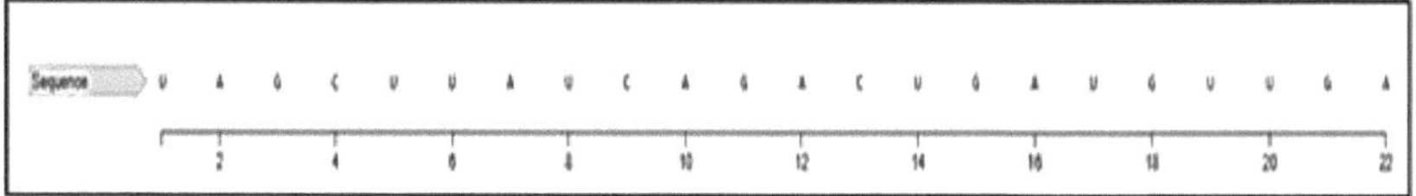

Figura 14: A sequência nucleotídica de hsa-miR-21-5p (RNACentral)

IV. Marcadores moleculares da variabilidade genética na genética humana

Os avanços da biologia molecular tornaram possível a identificação de marcadores genéticos, que são sequências curtas de DNA com uma localização específica no cromossoma. A marcação molecular reúne um conjunto de técnicas que rёyёlеп1: diferenças nas sёquências de DNA entre indivíduos. Estas técnicas podem detetar mutações pontuais do ADN, tais como AFLP "*Amplified fragment length polymorphism*" e RFLP "*Restriction fragment length polymorphism*" ou repetições em tandem de motivos de nucleótidos do tipo microssatélite, bem como marcadores SNP "*Single Nucleotide Polymorphism*" que rёyёкШ: diferenças de uma única base ao nível de uma sequência de ADN conhecida.

IV.1 Marcadores RFLP

O RFLP, criado por Grodzicker e colegas em 1974, é utilizado para identificar polimorfismos de ADN entre diferentes indivíduos, com base na propriedade de reconhecimento única e altamente específica das enzimas de restrição bacterianas, que geiK'rentam fragmentos de diferentes tamanhos, consoante a presença ou ausência de um polimorfismo. O seu princípio baseia-se na digestão do ADN genómico de vários indivíduos em fragmentos de ADN de tamanho variável, utilizando enzimas de restrição conhecidas. Os fragmentos digeridos são depois separados por eletroforese. A base molecular do RFLP reside no facto de as substituições de bases nucleotídicas, as inserções, as supressões, as duplicações e as inversões ao longo do genoma poderem eliminar ou criar novos locais de restrição (Yang et al. 2013).

O RFLP foi o primeiro marcador baseado em DNA que permitiu a construção de mapas de ligação gënética e a realização de uma impressão digital gënética individual, o que torna possível distinguir entre dois indivíduos (Yang et al. 2013).

IV.2 Marcadores de microssatélites

Os microssatélites, também conhecidos como sëquences microsatellites, são fragmentos de ADN em que uma sequência é rëpëtëcutiva num padrão de 1 a 10 nucteótidos. Estas rëpëtições, também conhecidas como *Simple Sequence Repeats* (SSRs), *Short Tandem Repeats* (STRs) ou *Variable Number Tandem Repeats* (VNTRs), encontram-se mais frequentemente nos intrões dos gënes do que nos exões. O número de rëpëtitions, que varia de cerca de 10 a 100, difere de célula para célula no mesmo indivíduo devido a erros durante a replicação do ADN. São usedës como marcadores gënëticos para identificação individual e mapeamento gënético (Vieira et al., 2016).

Em biologia molecular, as regiões flanqueadoras dos microssatélites são utilizadas como iniciadores na PCR. Mesmo que um microssatélite não seja específico de um determinado locus, as suas regiões flanqueadoras são-no. Assim, um par de primers concebidos para visar estas regiões flanqueadoras amplifica apenas esse microssatélite específico. Após a PCR, uma ëlectrophorëse em gel de agarose separa os fragmentos de ADN de acordo com o seu tamanho, correspondente ao comprimento da sequência do microssatélite. Devido ao polimorfismo ëlevë destes microssatélites devido ao número de rëpëtições do motivo, é possível distinguir indivíduos dentro de uma população inicial e difërenciar indivíduos homozigóticos e hëtërozigóticos (Vieira et al. 2016).

IV.3 SNPS

Os SNP representam a forma mais frequente de variação genética nos seres humanos, com frequências variáveis na população em geral. Estão associados a variações genéticas e fenotípicas inter-individuais, a diferenças na suscetibilidade a doenças e a diferenças na sensibilidade ao tratamento. São mutações germinativas presentes em regiões codificantes e não codificantes do ADN, como sëquências inte^nicas, regiões 3' ou 5' não traduzidas, regiões intrónicas ou locais de ligação a fatores de transcrição (Korzeniewski et al., 2013).

Um SNP é definido pela presença de pelo menos dois alelos com uma frequência superior a 1% numa grande população de indivíduos não relacionados. Embora o número de SNPs seja estimadoë em 10-11 milhões, a grande maioria dos SNPs tem apenas dois alelos devido à raridadeë de mutações numa determinada posição (B0rsting e Morling, 2013).

Em geral, existem duas categorias de variações de sequência, polimorfismos pontuais do tipo transição, como purina para purina (A ou G) ou pirimidina para pirimidina (C ou T), do tipo transversão (purina para pirimidina e vice-versa), bem como inserções e deleções (INDELs) (Neininger et al., 2019). A principal vantagem da utilização de SNPs em estudos genéticos é o facto de permitirem a genotipagem de um grande número de indivíduos a baixo custo.

V. Da abordagem do "gene candidato" à análise genética pangenómica

V.1 Abordagem do gene "candidato

Esta abordagem centra-se em polimorfismos em genes que codificam proteínas conhecidas com um efeito bem definido a nível celular. Os polimorfismos selecionados são os localizados em sequências exónicas, que podem levar a uma variação no ácido aшrë da proteína traduzida, bem como em sequências promotoras susceptíveis de modificar o nível de transcrição dos mRNAs. Também é possível selecionar polimorfismos nas sequências intrónicas envolvidas no splicing do RNA pré-mensageiro.

V.2 Análise pangenómica (GWAS)

O estudo de associação do genoma *(*GWAS) envolve a análise de numerosas variações genéticas em muitos indivíduos. Estas variações incluem variações do número de cópias (CNV), variações de sequência no genoma humano e, mais frequentemente, SNP. O objetivo é estudar as correlações entre estas variações genéticas e as caraterísticas fenotípicas (Witte, 2010; Uffelmann et al., 2021).

O tamanho da população é muito importante para obter resultados significativos sobre a variação fenotípica e genotípica. Assim, um pequeno número de indivíduos é uma desvantagem que reduz o poder do estudo de associação pangenómica. Além disso, apenas as caraterísticas com estimativas de hereditariedade moderadas a altas devem ser consideradas nos estudos de associação pangenómica. Baixa hëritabilityë no sentido estrito é um fator limitante que reduz a capacidade do GWAS de detetar 1 associação (Alqudah et al., 2020).

CAPÍTULO 2

Materiais e Métodos

I. Equipamento

I.1 População do estudo

Trata-se de um estudo retrospetivo de caso-controlo realizado na Unidade de Investigação em Biologia Clínica e Molecular (UR17ES29) da Faculdade de Farmácia de Monastir. Este estudo envolveu 494 mulheres tunisinas: 243 pacientes com ASR e 251 controlos com gravidezes normais e sem complicações ginecológicas ou obstétricas.

As pacientes foram recrutadas no centro de neonatologia e maternidade de Monastir e os procedimentos de recolha foram idênticos para os dois grupos de mulheres, todas tunisinas.

As amostras de sangue em tubos contendo EDTA foram colhidas por punção venosa para extração de ADN genómico, depois de as mulheres em causa terem sido informadas da natureza do estudo e do seu potencial objetivo, e de o seu consentimento ter sido aprovado (**Apêndice 2, Apêndice 3**).

1.1.1 Doentes

A população de doentes era constituída por mulheres até aos 40 anos de idade cuja causa de RSA não era clinicamente clara.

Os critérios de inclusão são: duas ou mais perdas sucessivas de gravidez no primeiro trimestre do mesmo parceiro.

Os critérios de exclusão são: incompatibilidade do grupo sanguíneo Rhesus, mulheres com mais de 40 anos no primeiro trimestre de gravidez, pacientes com doenças endócrinas, diabetes, anomalias anatómicas e infecções (citomegalovírus, vírus Herpes simplex, sarampo, toxoplasma, sífilis, micoplasma e vaginose bacteriana).

1.1.2 Testemunhas

Os controlos do sexo feminino tinham tido pelo menos dois filhos e não tinham antecedentes familiares de RSA. Os controlos tinham a mesma idade que os doentes.

II. Métodos

II.1 1 Amostra de sangue

Uma amostra de sangue num tubo de EDTA teve efeitos ële para cada mulher. O plasma sëparado a ëlë rëalisëe por centrifugação a 3000 rotações (tr) durante 15 minutos (min). O plasma obtido foi descartado e o restante pellet de sangue contendo leucócitos foi armazenado a -20°C para extração de DNA gënômico.

II.2 2 Investigação bioquímica

II.2.1 1 Determinação do colesterol LDL

O nível de colestërol LDL (LDLc) foi calculado utilizando a fórmula de Friedwald com base nos níveis sanguíneos de colestërol total (TC), HDLc e triglicéridos (TG):

$$\text{LDLc (mmol/L)} = \text{CT (mmol/L)} - (\text{TG (mmol/L)} /2{,}2) + \text{HDLc (mmol/L)})$$

O ensaio foi efectuado no Unicel® Dxc 600 (BeckmanCoulter).

II.2.2 2 Medição dos níveis de glucose no sangue

A determinação da glicemia a ëlë rëalisëe de acordo com um método colorimëtrico com glucose oxidase no autómato Unicel® Dxc 600 (Beckman Coulter) :

Glucose oxidase

$$\text{Glucose} + H_2O + O_2 \xrightarrow{\text{Glucose oxydase}} \text{Acide gluconique} + H_2O_2$$

$$H_2O_2 + \text{phénol} + 4\text{-AP} \xrightarrow{\text{Peroxydase}} \text{Quinone imine (rose)} + 4\,H_2O$$

4-AP: Amino 4-antipirina

II.2.3 3 Ensaio de proteínas

O ensaio de proteínas é efectuado por Unicel® Dxc 600 (Beckman Coulter), utilizando o método colorimétrico de Biureto realizado da seguinte forma:

$$\boxed{\text{Protéines} + Cu^{2+} \rightarrow \text{complexe bleu violet}}$$

$$\text{Proteínas} + Cu^{2+} \wedge \text{complexo violeta-azul}$$

Cu^{2+} : iões de cobre II

II.2.4 4 Dosagem de l'uree

A ureia tem ë1.ë dosë utilizando Unicel® Dxc 600 (Beckman Coulter), através de um método enzimático que envolve duas reacções de hidrólise:

NH3: Amoníaco

$$\text{Urée} + H_2O \xrightarrow{\text{Uréase}} 2NH_3 + CO_2$$

$$NH_3 + \alpha\text{-Ketoglutarate} + NADH + H^+ \xrightarrow{\text{GLDH}} \text{Glutamate} + NAD^+ + H_2O$$

NADH: Nicotinamida adenina dinucleótido redutase
GLDH: Glutamato desidrogenase

II.3   3 Extração de ADN genómico

O ADN genómico é extraído do sangue total através do método de "*salting out*", que se baseia num método químico e térmico seguido de purificação com uma enzima, a proteinase K, e de uma etapa de precipitação em etanol (Miller et al., 1988).

II.3.1 1 Lise dos glóbulos vermelhos

A lise dos glóbulos vermelhos foi efectuada utilizando a solução SLR (Tris 1M, EDTA 0,5M) por choque hipotónico (**apêndice 1**). Após centrifugação a 3000 rpm durante 12 minutos, apenas o sedimento é recuperado.

São recomendadas três lavagens com SLR para obter um grânulo branco desprovido de qualquer vestígio de cП1ётод1оЬ1пег

II.3.2 2 Lise dos glóbulos brancos

O pellet obtido é tratado com solução SLB contendo 10% de dëtergente SDS (*Dodecil Sulfato de Sódio*) (**Apêndice 1**), cujo papel é destruir a membrana celular e libertar o conteúdo citoplasmático e nuclear. O ADN nucleico é libertado por tratamento com proteinase K, que digere as histonas associadas aos cromossomas eucarióticos. Após homogeneização, a mistura é incubada durante duas horas a 55°C.

II.3.3 3 Precipitação de proteínas e purificação de ADN

É adicionado um volume de 666p.l de NaCl 6M (**Apêndice 1**) à mistura resultante de proteínas e ácidos nucleicos, seguido de agitação rigorosa e 10 minutos de incubação a frio.

Após centrifugação durante 15 minutos a 3000 rpm, as proteínas são desidratadas e precipitadas no sedimento.

Adicionam-se 2 a 3 volumes de etanol absoluto (100%) frio ao sobrenadante recuperado para precipitar a medusa de ADN. Esta é transferida para outro tubo de 1,5 ml e seca na bancada. Finalmente, a medusa foi redissolvida em 200 ml de água destilada ou solução Tris-EDTA para assegurar uma melhor preservação do ADN extraído.

II.3.4 4 Controlo da pureza e quantificação do ADN

Uma vez extraído o ADN, o controlo de qualidade é essencial para garantir uma amplificação fiável nas análises subsequentes. Além disso, é essencial conhecer com exatidão a concentração do ADN extraído, a fim de efetuar as diluições necessárias. Este controlo de qualidade foi efectuado utilizando o instrumento Nanodrop QIAxpert da QIAGEN. O Nanodrop QIAxpert gera uma curva de absorvância, avalia a concentração da amostra de ADN analisada e fornece relatórios relevantes sobre a pureza do ADN, detectando possíveis contaminações por proteínas ou vestígios residuais de soluto. O ADN tem um pico máximo de absorvância a 260 nm, enquanto a absorvância das proteínas atinge o pico a 280 nm. O rácio R= A260/A280 é um bom indicador da pureza do ADN, com um intervalo de objetivo entre 1,6 e 2 para que o ADN seja considerado puro. Um valor inferior a 1,6 indica uma possível contaminação proteica, enquanto um valor superior a 2 indica uma contaminação por ARN.

II.4 4 Investigação da sequência de ADN e desenvolvimento de primers

As sëquences contendo os polimorfismos ëtudiës, bem como as sëquences enzimáticas apropriadas, foram ëlë buscadasëes nos sites do *"National Center for Biotechnology Information"* (www.ncbi.nlm.gov) e do *New England Biolabs* (ww.neb.com). Conhecendo as sëquencias nucleotídicas competitivas dos nossos gënes de interesse, bem como a localização dos polimorfismos correspondentes, pudemos proceder com o desenho e Г adëquação de primers para amplificação pela reação em cadeia de polimerização (PCR) dos gënëtiques ëtudiëes variantes utilizando as ferramentas de bioinformática e banco de dados fornecidos pela Universidade Americana de *Santa-Cruz*.

II.4.1 Localização de SNP e conceção de iniciadores

Passo 1: Procurar a sequência genética que contém o local polimórfico

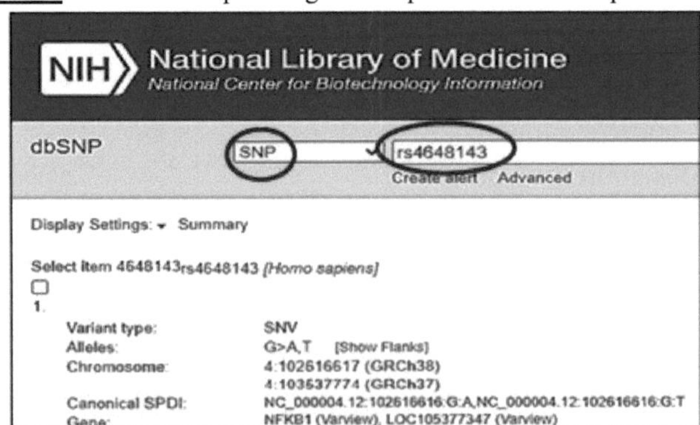

Figura 15: Pesquisa do NCBI para a localização genómica de um polimorfismo

Passo 2: Copiar as sequências de nucleótidos localizadas em ambos os lados do SNP

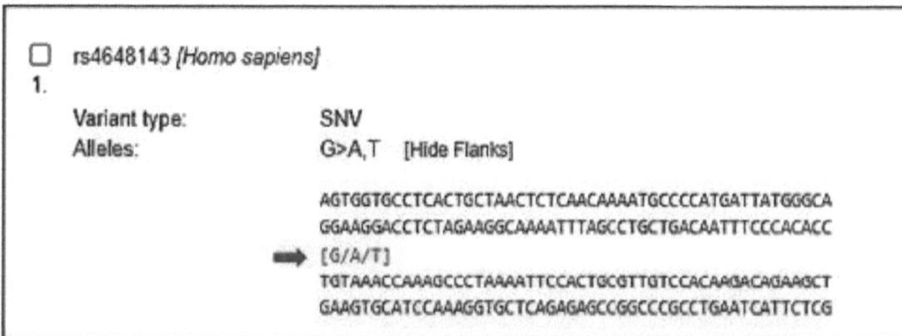

Figure 16   Dëterminação da variação gënëtica de um SNP

Etapa 3: Determinação dos pares de iniciadores por NCBI Primer-Blast

A seleção dos iniciadores foi feita de acordo com critérios bem estabelecidos:

S A tamanho entre 20 e 30 pb

S Composição GC > 50%

S Temperatura de fusão (Tm) >55°C

S Diferença entre Tm dos iniciadores sense e antisense < 5°C

S Sequências perfeitamente complementares ao fragmento a amplificar (ausência de correspondências erradas)

S Ausência de auto-acoplamento ou de interacoplamento entre iniciadores, especialmente no ponto 3'.

Etapa 4: Determinação da enzima de restrição utilizando o Nebcutter da *New England Biolabs* Esta base de dados pode ser utilizada para identificar os diferentes locais de restrição numa determinada sequência de nucleótidos para várias enzimas. Isto permite determinar o sistema enzimático adequado (criação ou abolição do local de restrição) através da comparação dos mapas de restrição da alie ancestral e da alie menor.

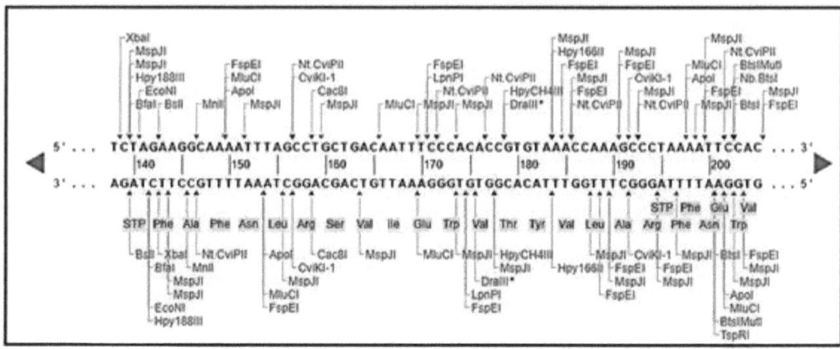

Figura 17: Identificação de enzimas de restrição

II.4.2 Análise genotípica de marcadores genéticos

Selecionámos as variantes gëmque ao nível do gene *NFκBI* suspeitas de suscetibilidade à 1'ASR com base nos resultados de estudos anteriores ë. Estes marcadores são uma variação pontual do tipo SNP e estão localizados na região 3'UTR do gene.

Foi utilizada a PCR-RFLP para estudar estes SNP.

11.4.2.1 SNP rs4648143

Esta variante é uma transição G/A no gene *NFkB1* no cromossoma 4 na posição 102616617. Uma sequência de 198 pb foi amplificada por PCR utilizando o seguinte par de primers:

Primário direto: 5'- CGCAAACTCAGCTTTACCGA-3'

Primário anti-sentido: 5'- ACCTTTGGATGCACTTCAGC-3'

Esta transição leva ao aparecimento de um local de restrição para a enzima **DraIII**.

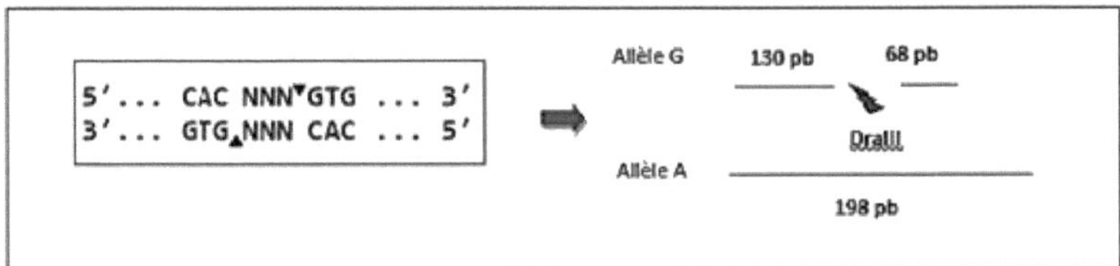

Figura 18: Sítio de restrição e mapeamento da variante do gene rs4648143 utilizando a enzima
de restrição DraIII.

Descrição: A enzima de restrição DraIII corta, em extremidades cohësive, o alelo G ancestral dando origem a dois fragmentos de ADN de tamanho 130 pb e 68 pb, respetivamente. Quando a sequência relevante, também designada por amplicon e com 198 pb de tamanho, contém o alelo mutado (A), a enzima deixa de ser capaz de cortar, uma vez que este alelo provoca a abolição do local de restrição da DraIII. Assim, após a digestão enzimática, obtém-se uma única banda, correspondente a um fragmento do mesmo tamanho que o do amplicon.

11.4.2.2 SNP rs41275743

Este polimorfismo consiste numa transição G>A localizada no cromossoma 4 na posição 102616698. Uma sequência de 209 pb foi amplificada por PCR utilizando o seguinte par de primers:

Primer sense : 5'- ACACCGTGTAAACCAAAGCC -3'

Precursor anti-sentido: 5'- CAGCCAGTGTTGTGATTGCT-3'

Esta transição leva à abolição do local de restrição da enzima **HaeIII**.

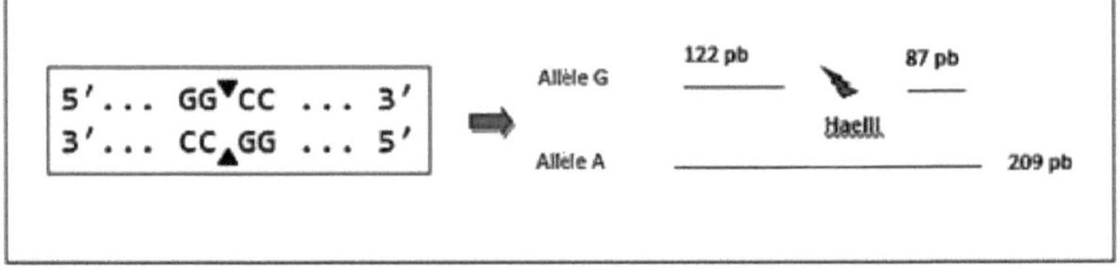

Figura 19: Sítio de restrição e mapeamento da variante do gene rs41275743 pelo método 1 Restrição HaeIII

Descrição: Esta enzima corta na presença do alelo G ancestral, que contém o seu local de restrição, produzindo assim dois fragmentos abertos de 122 pb e 87 pb, respetivamente.

11.4.2.3 SNP rs28362491 INDEL

Trata-se de um polimorfismo de inserção/deleção ATTG localizado na região promotora do gene *NFkB1* (-94 ins/del ATTG) no cromossoma 4. Uma sequência amplificada de 285 bp a partir dos seguintes pares de primers:

Primário direto: 5'-TGGGCACAAGTCGTTTATGA-3'

Primário anti-sentido: 5'-CTGGAGCCGGTAGGGAAG-3'

A inserção resulta na criação de um sítio de restrição para a enzima **PfIMI**.

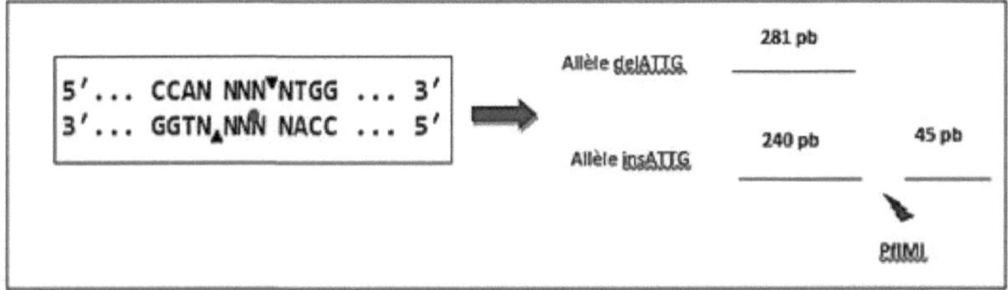

Figura 20: Local de restrição e mapeamento da variante gënica rs28362491 INDEL por Enzima de restrição **PfIMI**

Descrição: A enzima PfIMI corta na presença de uma inserção ATTG que cria um sítio de restrição para esta enzima, resultando em dois fragmentos com extremidades coesivas de 240 pb e 45 pb, respetivamente.

11.5 Meio de reação e PCR

As reacções de amplificação por PCR são uma das maiores descobertas da biologia molecular. Trata-se de um método que permite aumentar exponencialmente o número de cópias de material genético existente numa amostra biológica, mesmo em quantidades muito pequenas. Consiste numa sucessão de ciclos térmicos durante os quais o número de moléculas de ADN, actuando como matriz, é duplicado em cada ciclo.

Após "n" ciclos de PCR, temos teoricamente "2^n" cópias de ADN amplificado idêntico, denominado amplicão. A reação de PCR decorre num termociclador durante 30 a 40 ciclos, durante os quais a temperatura varia de acordo com as fases de amplificação: desnaturação (95°C), hibridação (50-65°C) e alongamento (72°C), que ocorrem 35 vezes.

Cada tubo PCR contém :

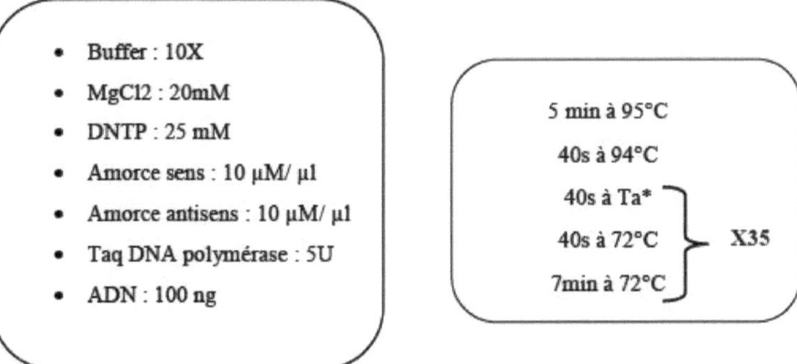

Ta*: (*temperatura de recozimento*) ou temperatura de hibridação (Th).
Ta do rs4648143 = 59°C / Ta do rs41275743 = 59°C / Ta do rs696 = 62°C / Ta do rs28362491 = 57°C.

11.6 Verificação da amplificação

Este passo assegura o correto dëroulement da amplificação do ADN antes de passar à digestão enzimática, vërificando a presença dos produtos de PCR da nossa ëcБапйПопз por migração ëlectrophorëtic, submetendo-os a um campo elétrico num gel de agarose a 2% (**Anexo 1**). Os ácidos nucleicos carregados de forma irreativa movem-se através da matriz do gel do cátodo

(-) para o ânodo (+).

Os fragmentos de ADN amplificados são facilmente visualizados no gel utilizando brometo de etídio (BET), que é um componente intercalante capaz de se ligar entre as bases nucleicas no interior da dupla hélice e um corante que emite uma fluorescência vermelho-alaranjada após excitação por luz ultravioleta.

11.7 Genotipagem e digestão enzimática

Usando enzimas de restrição, o gënoma de um indivíduo será cc^ë em vários fragmentos, dependendo do número de sítios de restrição da enzima utilizada. O número destes sítios e as suas posições diferem de um indivíduo para outro. Os produtos de PCR serão digeridos por enzimas de restrição específicas para cada polimorfismo e os fragmentos assim obtidos serão separados de acordo com os seus tamanhos por migração em gel de agarose a 2%, permitindo a determinação dos diferentes tipos de genes correspondentes a cada SNP.

Cada tubo contém os seguintes elementos: 1,5 Щ de tampão (10X), 0,18 |il de enzima,

5,32 Щ de água e, finalmente, 5 Щ do produto de PCR contendo o ADN alvo. Esta mistura de reação é então incubada a 37°C, criando um ambiente propício à amplificação específica do ADN.

II.8 Análise estatística

A introdução de dados e a análise estatística foram efectuadas utilizando os três pacotes de software bioestatístico seguintes:

1.   SPSS versão 24.0 (SPSS Inc., Chicago, IL, EUA)
2.   SNPstats (https://www.snpstats.net/)
3.   Haploview 4.2 (http://www.broad.mit.edu/mpg/haploview)

Após ter ëtudië e comparado a distribuição dos modais nos grupos de tëmoins e doentes, bem como de acordo com a sua própria natureza, serão examinadas as diversas variáveis clínicas e biológicas. Isto será feito quer sob a forma dicotómica (normal/anormal, presente/ausente), quer sob a forma contínua, quer após catëgorização de acordo com a sua pertença a vários intervalos de distribuição dëfmis no grupo de tëmoins. A catëgorização por modalidade será realizada para cada variável contínua, comparando a distribuição dos percentis entre os grupos de controlo e de doentes. De facto, uma divergência entre estes dois grupos indica o limiar a partir do qual se torna relevante caraterizar grupos de valores que podem potencialmente apresentar um risco. As diferenças são estatisticamente significativas quando *o* valor de *P* é inferior a 0,05.

Na população em geral, a distribuição genotípica de um SNP deve estar em conformidade com o princípio do equilíbrio de Hardy-Weinberg.

11.8.1 Equilíbrio de Hardy-Weinberg

[2]O equilíbrio de Hardy-Weinberg (HWE) foi avaliado para cada SNP utilizando um teste estatístico de livpotliese baseado na distribuição de uma variável % (teste de Chi-carre). Um valor $P > 0,05$ significa que os valores observados e esperados da distribuição genotípica não são significativamente diferentes e que o polimorfismo em estudo está em equilíbrio HW. Os *valores de P* associados são obtidos a partir do software SNPstat.

11.8.2 Análise de haplótipos

Um haplótipo é uma combinação de alelos de diferentes loci localizados no mesmo cromossoma e geralmente transmitidos em conjunto. [n]Teoricamente, para n SNPs bialélicos, existem 2 haplótipos possíveis. Atualmente, é possível estimar as frequências haplotípicas numa população estudada, com base nas frequências genotípicas medidas, graças a software de bioinformática como o Haploview, que permite avaliar o impacto de uma determinada combinação de polimorfismos no risco de desenvolver a doença, em vez de se concentrar num polimorfismo individual. Em caso de desequilíbrio de ligação, as sequências nucleotídicas são transmitidas sob a forma de blocos haplotípicos, reduzindo assim consideravelmente a probabilidade de recombinação num único bloco. Por conseguinte, a análise haplotípica oferece a possibilidade de avaliar o efeito de uma determinada combinação de polimorfismos no risco de desenvolver a doença, utilizando um número limitado de SNP em estudos genéticos (Barrett et al., 2004; Montpetit e Chagnon, 2006).

II.9 Estudo epigenético

11.9.1 Amostragem

Os participantes neste estudo foram ële sëlectedë de mulheres com uma história de 4 ou mais abortos espontâneos. Foi recrutada uma doente de 42 anos com um historial de 7 abortos espontâneos recorrentes sem causa identificada. Foi também incluída uma mulher de controlo da mesma idade, com pelo menos dois filhos e sem história de ASR. Todas eram de origem tunisina. Foram colhidas amostras de sangue por punção venosa em tubos EDTA para extração do ARN total. As mulheres em causa deram o seu consentimento para participar no nosso estudo depois de terem sido informadas sobre estes potenciais objectivos (**Anexo 3**).

11.9.2 Extração de ARN total por TRIzol

Para estudar a expressão do hsa-miR-21-5p e de um grupo dos seus genes-alvo envolvidos na via da inflamação nos dois grupos de mulheres, procedeu-se à extração do RNA total através de um método baseado nas diferenças de propriedades físico-químicas entre os diferentes ácidos nucleicos (ADN e ARN) e as proteínas. O método de referência aplicado para esta extração baseia-se principalmente na utilização de um produto químico denominado TRIzol, que é uma solução monofásica composta por isotiocianato de guanidínio, um poderoso desnaturante de proteínas, e fenol, um solvente orgânico.

Os glóbulos vermelhos da amostra de sangue que não tenham ultrapassado o prazo de três horas são eliminados com uma solução de lise hipotónica (SLR). A incubação durante 10 minutos a -20°C e a centrifugação a 3500 rpm durante 7 minutos a +4°C permitem a precipitação dos glóbulos brancos. Depois de efetuar duas repetições desta etapa de lavagem, cada vez seguida da remoção do sobrenadante, adicionou-se TRIzol ao sedimento, seguido de agitação manual e, em seguida, transferido para outro tubo de 1,5 ml ao qual se adicionou clorofórmio. A mistura foi agitada vigorosamente por vórtex, incubada durante 10 minutos a -20°C e centrifugada durante 15 minutos a 12000 rpm a +4°C.

O homogenato é assim separado em três fases: uma fase orgânica no fundo do tubo que contém as proteínas, uma camada interfásica que contém o ADN e uma fase aquosa transparente superior que contém o ARN que será precipitado com isopropanol. Adiciona-se etanol a 75% em quantidade suficiente para precipitar o ADN e as proteínas são precipitadas do sobrenadante de fenoletanol após centrifugação durante 10 minutos a 7000 rpm. O pellet de ARN é sëchë briëvement ao ar livre e solubilisë por adição de água ultrapura.

Para remover qualquer ADN presente na mistura, é utilizado DNaseI (10gl) e a mistura é incubada a 37°C durante 10 min. A ação do DNaseI é interrompida pela adição de 7ц1 EDTA 10X (50mM; pH8) seguida de incubação durante 10 min a 75°C.

A quantificação por medição da densidade ótica é efectuada para garantir a pureza do ARN obtido, que pode então ser armazenado a -80°C.

11.9.3 RT-qPCR

A qPCR, também conhecida como PCR quantitativa ou PCR em tempo real, é uma técnica derivada da PCR convencional para medir a quantidade inicial de ADN. A RT-qPCR baseia-se na amplificação de uma sequência de ARN extraída, utilizada como modelo inicial, depois de ter sido transcrita em ADN complementar (ADNc) por um processo de transcrição inversa para formar um híbrido ADN-ARN. A cadeia de ARN é então degradada, deixando apenas a cadeia de ARNc, que é utilizada como modelo para a amplificação por PCR convencional.

A RT-qPCR é realizada utilizando SYBR Green ou TaqMan, em duas fases que envolvem duas reacções separadas:

11.9.3.1 Transcrição reversa

11.9.3.1.1 Por M-MLV

A transcrição reversa é efectuada pela transcriptase reversa (RT) do vírus da leucemia murina de Moloney (M-MLV), que é uma enzima capaz de sintetizar cDNA. Num tubo de microcentrifugação, são adicionados diferentes componentes de acordo com o protocolo: é incorporado 1 Щ de Oligo(dT) (500^g/ml), seguido da adição de 1 Щ de dNTP (10mM). De seguida, são introduzidos 2 Щ de ARN. O equilíbrio da mistura é atingido pela adição de 8 Щ de água. Esta mistura é incubada a 65°C durante 5 min e depois arrefecida rapidamente em gelo para parar a reação. O conteúdo do tubo é então recuperado por uma breve centrifugação para completar a preparação da mistura de reação, adicionando 1 Щ de 5X First-Strand Buffer, 2 Щ de DTT (100mM) e 1 pl de RNase OUT™ (40 unidades/pl.), garantindo assim a proteção contra a degradação enzimática do ARN.

Depois de agitar suavemente o tubo, a mistura é incubada a 37°C durante 2 min. Em seguida, adiciona-se 1 pl de M-MLV (200 unidades (U)) e mistura-se cuidadosamente por pipetagem suave. A incubação a 37°C durante 50 min e depois a 70°C durante 15 min é realizada para inativar a enzima e o cDNA é finalmente sintetizado, que será utilizado como modelo para a amplificação por PCR.

11.9.3.1.2 ™Ensaios TaqMan de pequenos ARN

Os kits de reagentes Applied Biosystems™ TaqMan™ foram concebidos para detetar e quantificar uma variedade de pequenos ARNs, como microARNs maduros, ARNs interferentes e outros. Quando utilizados para analisar microRNAs, estes kits podem distinguir as sequências de microRNAs maduros das dos seus precursores. Cada kit TaqMan™ Small RNA Assays é composto por dois tubos: um que contém um iniciador RT de laço de haste para transcrição inversa e outro que contém uma mistura de iniciadores de PCR de sentido e anti-sentido específicos de ARN e uma sonda TaqMan™ específica.

Cada tubo deve conter um volume de 7 pl de mistura de reação de transcrição reversa contendo: 100mM dNTP, MultiScribe™ Reverse Transcriptase (50 U/pL), 10X Reverse Transcription Buffer, RNase Inhibitor (20 U/pL) e água sem nuclease. É então adicionado um volume de 5 pl de ARN, devendo estes 5 pl conter entre 1 e 10 ng de ARN. Após homogeneização e centrifugação, adicionam-se 3 pl de iniciador RT à mistura. Após centrifugação e colocação dos tubos em gelo, a reação de transcrição reversa é realizada num termociclador, primeiro a 16°C durante 30 minutos, depois a 42°C durante o mesmo período de tempo e, finalmente, a 85°C durante 5 minutos para parar a ação da transcriptase.

11.9.3.2 A reação qPCR

11.9.3.2.1 Por SYBR Green

O SYBR Green é um corante fluorescente com a capacidade de se ligar a ácidos nucleicos e de se intercalar entre cadeias duplas. É utilizado para quantificar a quantidade de amplicões durante a PCR através da emissão de fluorescência. O SYBR Green é frequentemente utilizado para a deteção não específica. SYBR Green I é uma molécula que se pode ligar a diferentes tipos de ácidos nucleicos de cadeia dupla. Quando Hë, aumenta notavelmente a sua fluorescência. Assim, o complexo db DNA/ SYBR Green I absorve luz azul com um comprimento de onda máximo (Imax) ёдак a 497 nm e luz verde ёmet a Imax = 520 nm. A fluorescência ё emitida é proporcional à quantidade de amplicões.

Um corante de rëfërence ROX é um aditivo inerte que proporciona a normalização do sinal fluorescente e a correção das variações ópticas em cada poço durante a qPCR.

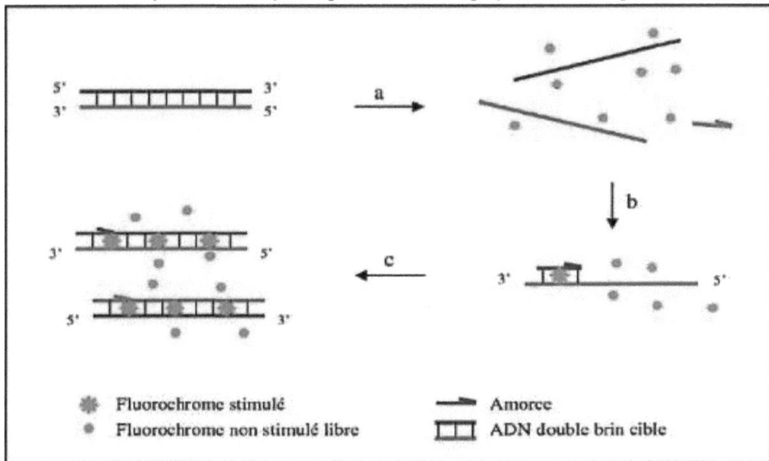

Figura 21: Etapas da qPCR com SYBR Green (Bigot, 2009)

Descrição: Durante a dënaturação (a), o SYBR Green está livre e é incapaz de se ligar ao ADN de cadeia simples, pelo que apresenta uma fluorescência fraca. Durante a hibridação (b), a molécula intercala-se entre as cadeias duplas de ADN nascente, resultando num aumento da emissão de fluorescência após excitação. Durante o alongamento (c), um número crescente de SYBR Green liga-se aos amplicons de DNA db, portanto, Cмшë, emitindo uma forte fluorescência dëtectëe em tempo real.

11.9.3.2.2 Por hidrólise de sondas: ensaio Taqman

A tecnologia TaqMan baseia-se na atividade de 5'-exonuclease da enzima Taq polimërase, que permite a hidrólise de uma sonda fluorogénica hibridizada especificamente com a sequência-alvo no produto de amplificação durante a hibridização e a extensão da PCR. Esta tecnologia é utilizada para detetar apenas produtos de amplificação específicos durante os ciclos de PCR.

O seu princípio baseia-se na construção de uma sonda de oligonucleótido contendo um fluorocromo ëteйeиг, appeлë Reporter, йхë na extremidade 5' da sonda de hibridação. Quando estimulado, sua emissão é inibida por outro fluorocromo supressor chamado Quencher, sitiado na extremidade 3' da sonda.

O ciclo de amplificação compreende duas fases:

• **A fase de hibridação:** durante a qual a sonda e os iniciadores se ligam às suas sequências-alvo por comparação básica.

• **A fase de alongamento**: síntese de uma nova cadeia de cDNA a partir do iniciador pela Taq polimërase. Quando esta última encontra a sonda hibridizada durante a polimerização, coloca-a e hidrolisa-a utilizando a sua atividade de exonuctease 5', o repórter é então Hbërë, permitindo assim a emissão de fluorescência que aumenta com cada ciclo em proporção à taxa de hidrólise da sonda. Assim, o alongamento continua até ao fim da sequência alvo.

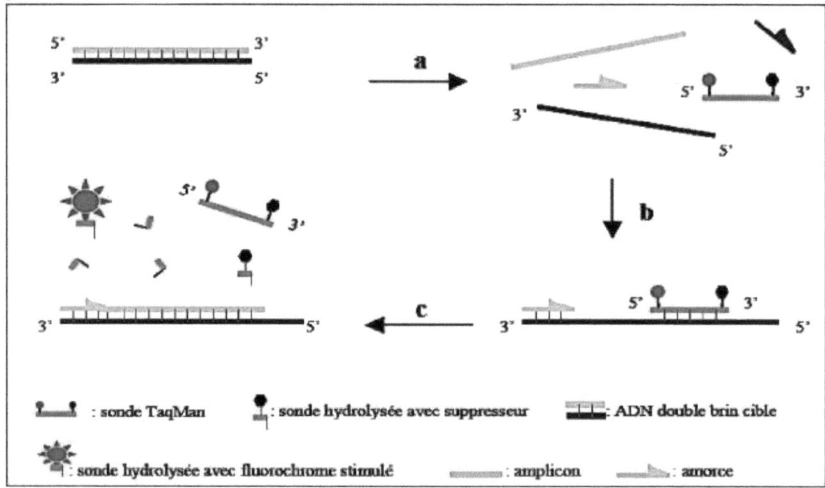

Figura 22: Hidrólise de sondas (ensaio Taqman) (E. Poitras et al., 2002)

Descrição: Durante a dënaturação (a), a sonda TaqMan (a roxo) está livre em solução. À tempëratura de hibridação (b), a sonda e os primers (a amarelo) hibridizam com as respectivas sequências alvo e a proximidade dos fluorocromos (os pequenos círculos a preto e vermelho por cima da sonda) permite inibir a fluorescência. Quando a polimerização começa, a Taq polimerase desloca e hidrolisa a sonda (c) e o fluorocromo emissor (repórter, o pequeno círculo vermelho) é libertado do seu inibidor (supressor), emitindo assim fluorescência detectada pelo aparelho de qPCR.

11.9.3.2.3 Quantificação relativa

A quantificação relativa (Rq) é um princípio frequentemente utilizado em estudos de expressão génica e baseia-se na comparação de ciclos de limiar (Ct), que mede a diferença de expressão do gene alvo na amostra em relação a um gene de referência. Em primeiro lugar, a diferença entre os valores Ct (ACt) do gene de interesse e do gene de referência é calculada para cada amostra experimental. Em seguida, calcula-se a diferença nos valores ACt entre as amostras do doente e as amostras de controlo (AACt).

^{AACt}O *Fold change* (Fc) ou Rq da expressão de um gene de interesse em relação ao controlo é igual a $2^{.}$. Um resultado é considerado significativo quando o Fc é pelo menos dois, equivalente a um Rq superior a 2 ou inferior a 0,5.

11.9.3.2.4 Meio de reação qPCR: SYBR Green

Após agitação suave e breve centrifugação das soluções descongeladas, cada tubo deve conter um volume total de 25 gl. A mistura de reação é preparada adicionando os seguintes reagentes:

• Maxima SYBR Green qPCR Master Mix (2X), com ROX: 12,5 gl
• Primário sensorial: 0,3 gM

- Primário anti-sentido: 0,3 gM
- Água sem nuclease: uma embalagem de 25 gl

Após a homogeneização, os volumes apropriados são divididos em diferentes tubos e o cDNA correspondente, cuja quantidade é mantida entre 50 e 500 ng, é adicionado a cada tubo. O termociclador do aparelho é programado para efetuar 40 ciclos de acordo com o seguinte protocolo: a retrotranscrição é efectuada a 95°C durante 10 minutos. Depois, durante a fase de amplificação, a temperatura é mantida a 95°C durante 15 segundos, seguida de um passo de alongamento a 60°C durante 1 minuto. Finalmente, a curva de fusão é gerada na última etapa, com temperaturas de 95°C durante 15 segundos e 60°C durante 1 minuto. Estes parâmetros são cuidadosamente ajustados para garantir uma reação eficiente durante todo o processo.

II.9.3.2.5 Meio de reação por TaqMan

Cada poço da placa de reação foi concebido para conter um volume total de 20 gl, incorporando os seguintes componentes: 1 Щ de TaqMan™ Small RNA Assay (20X), 10 Щ de TaqMan™ Universal PCR Master Mix, sem AmpErase™ UNG (2X), que está incluído para criar condições de reação óptimas. O cDNA, que está estritamente limitado a 1,33 gl, representa o volume máximo que pode ser adicionado à reação de qPCR. É crucial que a quantidade de cDNA se mantenha dentro do intervalo de 1 a 100 ng. Por fim, adicionam-se 7,67 gl de água para atingir um volume total de 20 gl. Uma vez terminada a preparação, a placa é centrifugada brevemente para remover as bolhas de ar das soluções e carregada no sistema qPCR de acordo com um programa que inclui a ativação da Uracile N-glycosylase (UNG), um passo opcional efectuado a 50°C durante 2 minutos, permitindo a remoção do uracil do ADN. A DNA polimerase é então activada a 95°C durante 10 minutos. A reação prossegue com a desnaturação a 95°C durante 15 segundos, seguida de hibridação e alongamento a 60°C durante 60 segundos.

CAPÍTULO 3

Resultados

I. Caraterísticas clínicas e bioquímicas da população estudada

O nosso estudo inclui um grupo de 243 doentes que tiveram pelo menos dois abortos consëcutivos e inexplicados e um grupo de 251 mulheres de controlo que tiveram pelo menos uma gravidez normal sem antecedentes de aborto. As caraterísticas clínicas e bioquímicas são apresentadas na **Tabela I**. Encontrámos uma diferença estatisticamente significativa na média de idade (P<0,001), IMC (*P=0,001*), número de filhos vivos (*P<0,001*), número de abortos (*P<0,001*), consumo de cafeína (*P=0,046*) e o mesmo se verificou para os níveis de LDL *(P=0,010)* e proteínas (*P=0,001*). No entanto, as doentes e os controlos estavam emparelhados quanto à utilização de contraceptivos orais (*P=0,144*), glicemia *(P=0,648)* e ureia (*P=0,355*).

Quadro I: Caraterísticas clínicas e bioquímicas dos doentes e dos controlos

	Doentes	Testemunhas	Valor de P [4]
Idade (anos) [1]	31.90 ± 5.56	33.89 ± 6.29	**< 0.001**
Índice de massa corporal (kg/m2) [1]	25.3 ± 4.1	26.6 ± 5.62	**0.001**
Número de filhos vivos IQR (min-max) [2]	1 (0-5)	2 (0-7)	**< 0.001**
Abortos IQR (min-max) [2]	2 (2-12)	0 (0-1)	**< 0.001**
Utilização de contraceptivos orais (n [%]) [3]	10 (3.6)	24 (6.2)	0.144
Consumo de cafeína (n [%]) [3]	125 (52.7)	188 (61.8)	**0.046**
Fumadores (n [%]) [3]	53 (16.7)	98 (25.1)	**0.006**
Glicose (mmol/l) [1]	5.05 ± 0.79	5.14 ± 1.62	0.648
LDL (mmol/l) [1]	2.26 ± 0.84	2.66 ± 1	**0.010**
Proteína (g/l) [1]	68.2 ± 6.58	71.8 ± 6.36	**0.001**

I 1: Média ± desvio-padrão, **2:** Mediana IQR (mínimo-máximo), **3:** Número de indivíduos em percentagem e **4:** Teste t de Student para variáveis contínuas, teste Qui-quadrado de Pearson para variáveis categóricas.

II. Distribuição alélica e genotípica de Polimorfismos do gene *NFκBI*

II.1 Frequências alélicas

O polimorfismo rs41275743 ëtudië do дпе *NFkBI* ël e distribuiu-se confortavelmente no equilíbrio de Hardy Weinberg tanto no grupo tëmoin quanto nos pacientes que apresentavam ASR, conforme 1 indicado na **Tabela II** (HWE=0,35). Esse ëqɯlibre tem ël.ë testë para todos os três SNPs pelo software SNPstats. Também calculamos o poder para os SNPs em questão usando o software de bioinformática *QUANTO* 1.2. Em nossa população de estudo, a distribuição de frequęncia alterada dos polimorfismos rs41275743, rs4648143 e rs28362491 mostrou uma diferença significativa entre pacientes e menores de idade; rs41275743 (*P* = 0.013; OR = 0,52 (0,29-0,95)), rs4648143 (*P* <0,001; OR = 0,36 (0,27-0,47)), rs28362491 (*P* <0,001; OR = 1,84 (1,39-2,45)).

Quadro II: Distribuição dos alelos do gene NFκBI

SNP	Posição	Percentagem de genotipagem (%)	Potência (%)	Alelo	HWE	FAM dos doentes	FAM des temoins	P [1]	OR (IC 95%)
rs41275743	102616698	93.72	80%	G/A	0.35	17 (0.04)	35 (0.07)	0.013	0.52 (0.29-0.95)
rs4648143	102616617	92.11	80%	G/A	0.00076	106 (0.25)	230 (0.48)	<0.0001	0.36 (0.27-0.47)
rs28362491 INDEL	-94	95.55	80%	del ATTG /dup ATTG	<0.0001	158 (0.36)	115 (0.23)	<0.0001	1.84 (1.39-2.45)

MAF: Frequência dos alelos minor, **OR:** Odds ratio, **CI:** Intervalo de confiança, **P**: Valor de *P*, **1.** Teste do Qui-quadrado de Pearson

II.2 Frequências genotípicas

As distribuições gënotípicas de rs41275743, rs4648143 e rs28362491 são comparadas entre os dois grupos de estudo, como mostrado na **Tabela III**, e de acordo com três modelos de herança gënética (codominante, dominante e recessivo) na **Tabela IV**, cujos resultados confirmam a associação de rs41275743, rs4648143 e rs28362491 com RSA.

11.2.1 Distribuição genotípica do polimorfismo rs41275743

A distribuição genotípica mostra a presença de uma associação do polimorfismo rs41275743 e o risco de ASR (*P=0*,013) com uma frequência gënotípica de 5% do hëterozygote G/A gënotype e 1,4% do A/A gënotype menor nos doentes. Nos tëminores, uma frequência de 12,7% de G/A gënotype e 0,8% de A/A gënotype. Tanto o modelo codominante como o dominante foram associados à ASR, ao contrário do modelo recessivo, que não mostrou associação com o risco de ASR.

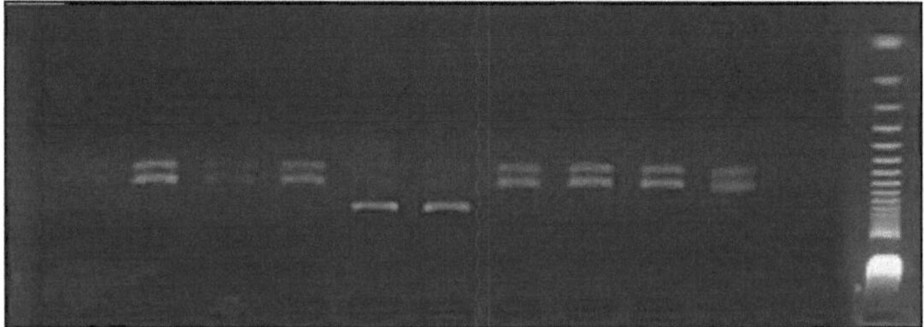

Figura 23: Perfil genotípico do rs41275743

11.2.2 Distribuição genotípica do polimorfismo rs4648143

A distribuição genotípica mostrou uma associação entre o SNP rs41275743 e o risco de ASR (*P<0*,001) com uma frequência genotípica de 41,1% do genótipo heterozigótico G/A e 4,2% do genótipo menor A/A nos doentes. Nos controlos, uma frequência de 39% do genótipo G/A e de 28,2% do genótipo A/A. Os três modelos codominante, dominante e recessivo mostraram uma associação significativa com a doença.

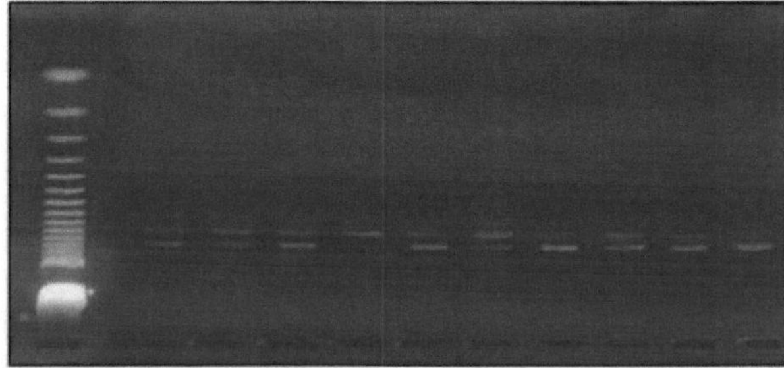

Figura 24: Perfil genotípico do rs4648143

11.2.3 Distribuição genotípica do polimorfismo rs28362491 INDEL

A distribuição genotípica mostrou uma associação entre o rs28362491 e o risco de ASR (*P<0,001*), com uma frequência genotípica de 57,7% para o genótipo heterozigótico del/ins e 6,8% para o genótipo menor ins/ins nos doentes. Nos controlos, uma frequência de 44,4% do genótipo del/ins e de 0,8% do genótipo ins/ins. Os três modelos codominante, dominante e recessivo estão associados à ASR.

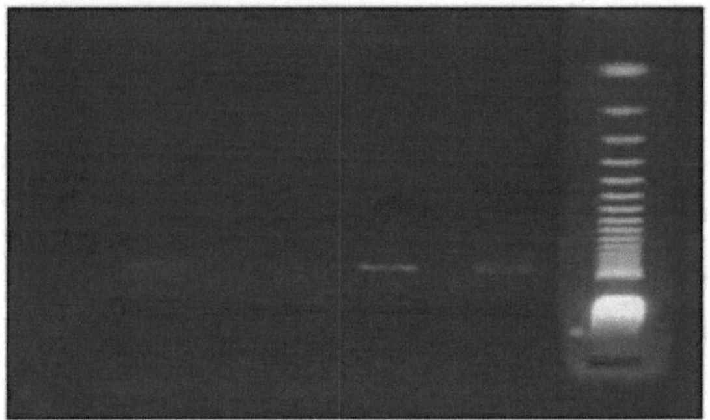

Figura 25: Perfil genotípico do rs28362491

Tabela III: Distribuição dos gënotypes do gene *NFκBI*

SNP	1/1 [4] Doentes	Testemunhas	1/2 [4] Doentes	Testemunhas	2/24 Doentes	Testemunhas	P^{II}	aP^2
rs41275743 (G/A)	204 (93.6)[3]	212 (86.5)	11 (5)	31(12.7)	3 (1.4)	2 (0.8)	0.013	0.041
rs4648143 (G/A)	117 (54.7)	79 (32.8)	88(41.1)	94 (39)	9 (4.2)	68 (28.2)	<0.0001	<0.0001
rs28362491	79 (35.6)	137 (54.8)	128 (57.7)	111 (44.4)	15 (6.8)	2 (0.8)	<0.0001	3e-04

II Teste do Qui-quadrado de Pearson, *aP2*: P ajustado para idade e IMC e **3.** Frequência de

Gënotypic em percentagem e **4.** Gënotype dësignës

por *1* "alelo selvagem" e *2* "alelo mudo".

<table>
<tr><td>(del/ins)</td><td></td><td></td><td></td><td></td><td></td><td></td><td></td><td></td></tr>
</table>

Tabela IV: Distribuição gënotípica dos SNPs ëtudiës de acordo com os modëles gënëticos.

SNP	Genótipo	Modelo codominante		Modelo dominante		Modelo recessivo	
		Valor de [1] P	OR (IC 95%)	*Valor de [1] P*	OR (IC 95%)	*Valor de [1] P*	OR (IC 95%)
rs41275743	G/G	0.013	1.00 (Rëfërence)	0.011	G/G vs. G/A + A/A	0.56	G/G + G/A vs. A/A
	G/A		0.37 (0.18-0.75)		0.44 (0.23-0.85)		1.70 (0.28-10.24)
	A/A		1.56 (0.26-9.43)				
rs4648143	G/G	<0.0001	1.00 (Rëfërence)	<0.0001	G/G vs. G/A + A/A	<0.0001	G/G + G/A vs. A/A
	G/A		0.63 (0.42-0.95)		0.40 (0.28-0.59)		0.11 (0.05-0.23)
	A/A		0.09 (0.04-0.19)				
rs28362491	del/del	<0.0001	1.00 (Rëfërence)	<0.0001	del/del vs. ins/del+ ins/ins	3 x10⁻⁴	del/del + ins/del vs. ins/ins
	entrar/eliminar		2.00 (1.37-2.91)		2.19 (1.51-3.18)		8.9 (2.03-39.75)
	in/ins		13.01 (2.90-58.36)				

1. Teste do Qui-quadrado de Pearson

III. Análise de haplótipos

Os haplótipos do gene *NFκBI* são construídos com base na interação dos três SNPs (rs28362491, rs4648143, rs41275743) e na análise de desequilíbrio de ligação entre eles. Das oito combinações haplotípicas possíveis, apenas seis haplótipos estavam ë1.ë presentes na nossa população tunisina (**Tabela V**).

A análise Haploview demonstrou que a combinação dos 3 polimorfismos ëtudiës, num bloco que abrange 115 kb, mostrou um desequilíbrio de ligação (d') entre estas três variantes e uma associação significativa nas frequências dos quatro haplótipos entre doentes e controlos. Por razões técnicas do software Haploview, que considera apenas um alelo, a eliminação ou inserção do nucleótido ATTG do rs28362491 foi substituída pelo alelo T (del=T) e pelo alelo A (ins=A), respetivamente. ᵉ⁻¹¹ᵉ⁷Foi observada uma associação significativa dos haplótipos TAG (*P=4,510*), AGG *(P=3,8037 ")* e TAA (*P=0,0224*).

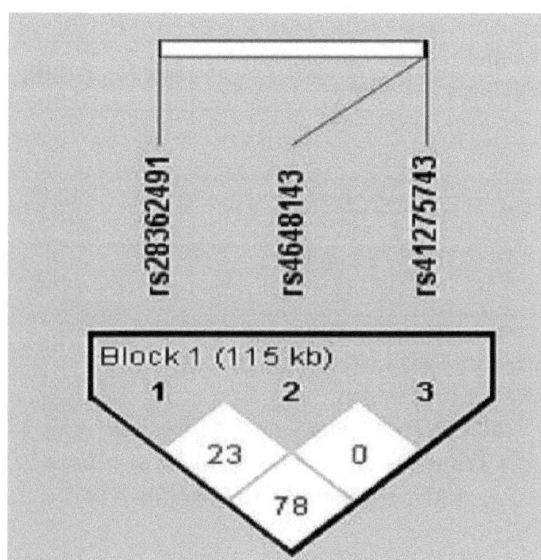

Figura 26: Mapa de dësëbinding equilibrium (LD) de polimorfismos no gene *NFκB1* analisëe pelo Haploview.

Quadro V: As diferentes formas haplotípicas dos três SNP do gene *NFκB1*

Haplótipos	Total[1]	Doentes[1]	Testemunhas[1]	x^2	P
TGG [2]	0.389	0.475	0.342	8.172	- --
TAG	0.268	0.128	0.363	43.379	4.5104[e-11]
AGG	0.209	0.242	0.142	25.791	[e-]3.8037 7
AAG	0.079	0.114	0.080	0.048	0.8264
TGA	0.034	0.034	0.038	0.391	0.5315
TAA	0.019	0.005	0.026	5.212	**0.0224**

1 : Frequência haplotípica, **2** : O haplótipo mais frequente nos controlos femininos (TGG) foi tomado como referência (OR=1,00) e *P* : Associação haplotípica, valor de $P < 0,05$.

IV. Análise dos resultados da qPCR

I . Os níveis de expressão dos genes *NFκBI* e *IL-6* foram avaliados no doente e no controlo feminino utilizando SYBR Green, enquanto a expressão específica de hsa-miR-21-5p relativamente aos seus genes alvo foi avaliada utilizando TaqMan. Estas análises foram efectuadas em duplicado para cada indivíduo. Os resultados obtidos são apresentados em pormenor **no quadro VI**.

Quadro VI: Análise quantitativa da expressão dos genes *NFκBI* e *IL-6* e de hsa-miR-21-5p

	Doente		Temporizador		AACt	Rq	Nível de expressão
	Média Ct	A Ct	Ct	A Ct			
NFκBI	24.733	2.031	23.512	0.832	1.199	0.435	Sub-expressão
GAPDH [1]	22.702		22.680				
IL-6	21.834	-0.868	21.120	-1.56	0.692	0.618	Normal
GAPDH	22.702		22.680				
MiR-21-5p	22.51	-1.77	24.00	-0.322	-1.448	0.408	Sub-expressão
RNU6B [2]	24.280		24.322				

1   Referência de genes para SYBR Green
2   Referência de MiRNA para TaqMan

$$\text{ACt Sick} = \text{Ct Sick} - \text{Ct Referência do gene}$$
$$\text{ACt Temoin} = \text{Ct Temoin} - \text{Ct Gene de referência}$$
$$\text{AACt} = \text{Doente ACt} - \text{Controlo ACt}$$
$$\text{Rq} = 2^{-\text{AACt}}$$

CAPÍTULO 4

Discussão

As perdas espontâneas e inexplicáveis de gravidez podem ser emocional e fisicamente devastadoras para os casais, especialmente quando são recorrentes, e representam um problema reprodutivo frustrante tanto para a paciente como para o médico.

Apesar do grande interesse na RSA como uma das complicações reprodutivas mais comuns, a definição de RSA continua a ser controversa. Vários estudos sugeriram que as causas de aborto espontâneo identificáveis após duas perdas sucessivas de gravidez são semelhantes às identificadas após três perdas consecutivas (Kutteh e Stephenson, 2006; Turesheva et al., 2023).

eme Assim, o ESHRE prëcëdentemente definiu RSA como três perdas gestacionais consëcutivas antes de 20 SA, enquanto o ASRM definiu RSA como pelo menos duas perdas gestacionais (Jauniaux et al., 2006; ASRM, 2012). De acordo com a última atualização deste significado pelo ESHRE em 2017 e 2022, este considera, tal como o ASRM, que a RSA é a ocorrência de duas ou mais perdas de gravidez (ESHRE, 2017; Bender Atik et al., 2023).

As variações genéticas parecem desempenhar um papel complexo na eficiência reprodutiva humana. Pesquisas recentes destacaram o papel crucial dos polimorfismos genéticos na manutenção da gravidez, abrindo caminho para ёstudos de associações fёnotípicas e gёnotípicas para melhor compreender o mёcanismo fisiopatológico por trás da RSA (Hyde e Schust, 2015).

A inflamação é uma resposta natural do sistema imunitário a uma agressão do organismo, os processos inflamatórios podem desempenhar um papel na RSA idiopática considerando o seu envolvimento na tolerância feto-materna e no bom resultado da gravidez (Comba et al., 2015). O NF-κB é um fator de transcrição que desempenha um papel central na resposta inflamatória. Garante o desenvolvimento adequado da placenta, regulando a atividade das citocinas pró e anti-inflamatórias expressas durante os diferentes trimestres da gravidez (Armistead et al., 2020; Gomez-Chavez et al., 2021). A ativação excessiva do NF-κB conduz a uma resposta de rejeição imunitária no feto. Consequentemente, o NF-κB poderia ser um alvo potencial para o tratamento do aborto recorrente (Zhang et al., 2021).

A evidência de contribuições genéticas para distúrbios obstétricos vem principalmente de estudos de associação baseados em genes candidatos, onde os pesquisadores avaliaram polimorfismos particulares de genes sёlectnёs principalmente por causa de seu papel potencial na gravidez, como o gene *NFκBI*. A maioria dos polimorfismos estudados são considerados funcionais, uma vez que influenciam a expressão fenotípica (Daher et al., 2012).

Vários estudos têm se concentrado na alteração da expressão de дёпе *NFκBI* em relação ao aborto espontâneo (Gomez-Chavez et al., 2021; Logan et al., 2022).

No presente estudo, concentrámo-nos na avaliação de três polimorfismos do gene *NFkB1*, rs41275743, rs4648143 e rs28362491, em pacientes com RSA e mulheres multíparas. Os polimorfismos do nosso estudo não foram previamente investigados no contexto da RSA, o que reforça a importância da nossa investigação.

Os SNPs rs41275743 e rs4648143 estão localizados na região 3' UTR do gene *NFKBI*, o que poderia influenciar a afinidade de certos miRNAs e modificar a expressão *do NFkB1* (Zhang et al., 2022), enquanto o rs28362491 está localizado na região promotora do gene, que é crucial na regulação da sua expressão. Um polimorfismo nesta região tem o potencial de modificar os locais de ligação dos factores de transcrição, afectando assim a expressão do gene (Ju et al., 2012). Estudos recentes demonstraram que o alelo variante que contém a deleção ATTG resulta em níveis reduzidos da subunidade p50, afetando assim a disponibilidade do dímero homodímero anti-inflamatório p50/p50 e do dímero heterodímero pró-inflamatório p50/p65 da via NF-κB (Soydas et al., 2016).

Vários factores clínicos e bioquímicos mostraram uma associação significativa com a ASR. A diferença significativa entre a idade e o IMC (P<0,001 e $P=0,001$, respetivamente) sugere que o aumento do IMC e da idade materna está associado ao risco de ASR. Os nossos resultados são consistentes com os da população asiática e diferentes dos observados na população sueca, onde o aumento do IMC não está associado ao risco da doença ($P=0,78$) (Lo et al., 2012; Ghoshal e Bhattacharyya, 2015).

Para além disso, os hábitos de vida apresentam variações significativas, nomeadamente o tabagismo ($P = 0,006$) e o consumo de cafeína ($P = 0,046$), que alteram o desenvolvimento placentário, associação que também foi confirmada na população italiana (Stefanidou et al., 2011). Embora o uso de contraceptivos orais não seja implicante na ocorrência da doença ($P = 0,144$).

A nível bioquímico, verificaram-se diferenças significativas nos níveis de LDL ($P = 0,010$) e de proteínas ($P = 0,001$), mas não na glucose ($P = 0,648$). Estes resultados sublinham a importância de ter em conta uma multiplicidade de factores ao avaliar os riscos associados à saúde reprodutiva.

O estudo de l'associação genética de polimorfismos do gene *NFκBI* com l'ASR mostrou que rs4648143 e rs28362491 não estão em equilíbrio HW, isso poderia ser explicado pela origem e construção genética atual da população tunisina, emeque é uma população heterogénea constituída por uma тёlапде de diferentes grupos étnicos, tais como Capsianos, Fenícios, Romanos, Vândalos, Bizantinos e Árabes, seguida de uma imigração maciça de Beduínos durante o século XI (Hajjej et al., 2006), o que torna quase impossível traçar a origem genealógica de cada participante. No entanto, a reavaliação da diferença étnica é essencial para os estudos de associação genética.

Na nossa coorte, o rs41275743 é o único que obedece a HWE, as frequências do alelo menor (FAM) são 0,04 nos doentes e 0,07 nos controlos. A diferença neste alelo entre os dois grupos explica a associação deste SNP com a RAS no nosso estudo (**$P=0,013$**). As frequências genotípicas revelaram uma frequência significativamente elevada do genótipo heterozigótico G/A (1/2) nos controlos em comparação com os doentes, enquanto o genótipo homozigótico A/A mutado (2/2) não foi associado à ASR. De facto, os valores de OR revelaram a associação do genótipo G/A como um genótipo protetor para o risco de ASR nos modos codominante e dominante. No entanto, os genótipos G/A e A/A foram associados a um risco aumentado de insuficiência renal aguda' (IRA) em pacientes com sepse na população chinesa ($P= 0,01$; P<0,01 respetivamente), em comparação com o genótipo G/G, este risco foi significativamente elevado nos modelos dominante e recessivo (Sun et al., 2020). A disparidade de resultados pode ser atribuída às origens distintas das populações estudadas, sendo de notar que a patologia em causa não é idêntica, o que dificulta o estabelecimento de associações genéticas semelhantes entre genótipos.

O polimorfismo rs4648143 está fortemente ligado à patologia da RSA devido a diferenças nas frequências FAM e genotípicas em doentes e controlos (**$P<0,0001$**). Os genótipos A/A e G/A estão associados à RSA nos três modelos genéticos (codominante, dominante e recessivo). Com base nos valores de OR em cada modelo genético, o rs4648143 é um fator protetor, não envolvido na ocorrência de RSA. Tal como o polimorfismo anterior, a associação do rs46418143 com o risco de LRA em doentes com sépsis na população chinesa foi significativamente mais elevada nos gëneros G/A ($P<0,01$) e A/A ($P=0,02$) em comparação com o gënero G/G nos modëlos dominante e recessivo. Ao contrário da população espanhola, na qual nenhuma associação deste polimorfismo com doença hepática alcoólica foi ële observada ($P = 0,646$) (Novo-Veleiro et al., 2018; Sun et al., 2020). A falta de significância obtida neste ëstudo poderia ser explicada pela baixa frequência do al^le menor observado neste SNP ou pela falta de efeito desta variante genética específica.

A variante rs28362491 apresentou l'allële insATTG como o al^le menor, os FAMs, bem como as frequências dos genótipos del/ins (1/2), ins/ins (2/2) e del/del (1/1), mostraram uma diferença significativa nos dois grupos de estudo (***P < 0,0001***).

De facto, a distribuição alélica do rs28362491 difere significativamente entre as populações africanas e europeias, com uma disparidade de 20%, bem como variações genotípicas estatisticamente significativas ($P < 0,0001$) (Amador et al., 2016). Essa variante também pode estar associada à suscetibilidade à obesidade mórbida, para a qual a variante ins ($P = 0,042$) e o genótipo ins / ins ($P = 0,030$) foram associados ao aumento do risco dessa doença e ao aumento dos níveis de enzimas hepáticas em pacientes obesos (Soydas et al., 2016; Yenmis et al., 2018).

Do mesmo modo, o alelo ins está implicado no aumento do risco de cancro do ovário na população chinesa devido ao papel central do gene *NFκB1* na proliferação celular e na apoptose (Chen et al., 2015). Além disso, este alelo está associado a níveis elevados de citocinas pró-inflamatórias (TNF-a e IL-6) na diabetes tipo 2 na população asiática (Gautam et al., 2017; Chatterjee et al., 2020). Isto pode dever-se ao envolvimento ativo do NF-κB na geração de inflamação e stress oxidativo, desencadeando o desenvolvimento de complicações diabéticas.

Além disso, um estudo egípcio sobre a infertilidade masculina mostrou uma associação do genótipo heterozigótico ins/ins com um risco significativamente elevado de má qualidade do esperma na população egípcia, em contraste com a população argelina, na qual o genótipo heterozigótico ins/del está associado a um risco acrescido de doença inflamatória intestinal crónica (El-Hoseny et al., 2020; Hamadou et al., 2020).

O polimorfismo rs28362491 está associado a um risco aumentado de RSA em todas as modalidades genéticas, estabelecendo uma relação "dose-resposta". [e-11e-7]Este resultado é suportado pela análise haplotípica em que se observou uma associação altamente significativa dos haplótipos TAG (***P=4,5104***) e AGG (***P=3,8037***) para as mulheres com RSA, explicando que estes haplótipos constituem um importante fator de risco na ocorrência desta complicação da gravidez. Os resultados do Haploview também revelaram que o haplótipo TAA (*P=0,0224*) está associado à suscetibilidade das gestantes ao risco de aborto espontâneo. Assim, o desequilíbrio de ligação é maior entre rs28362491 e rs41275743, e menor entre rs28362491 e rs4648143. No entanto, não foi demonstrado desequilíbrio de ligação entre o rs4648143 e o rs41275743.

A genética molecular desempenha um papel cada vez mais relevante no diagnóstico tanto de doenças mendelianas monogénicas como de doenças multigénicas complexas, e oferece uma perspetiva promissora para o desenvolvimento de novas terapias na população humana. A genética das doenças complexas apresenta enormes dificuldades, ao contrário das doenças monogénicas, devido à sua natureza poligénica e à grande diversidade de alterações genéticas. O estudo dos polimorfismos é importante como elemento fundamental no estudo das doenças multifactoriais, mas continua a ser muito insuficiente para explicar o mecanismo fisiopatológico de complicações múltiplas como os abortos recorrentes, o que levou os investigadores a desenvolverem novos métodos de estudo dos genes, como a bioinformática, que permite estudar as interações dos diferentes genes com outros factores que influenciam a sua expressão, nomeadamente os factores epigenéticos que modificam as vias de sinalização celular como o NF-κB.

Entre os factores epigenéticos, o microRNA hsa-miR-21-5p desempenha um papel central na regulação da inflamação, uma vez que afecta a expressão dos genes *NFκB1* e *IL-6* envolvidos na resposta imunitária e inflamatória.

No presente trabalho, a expressão de hsa-miR-21-5 em relação aos seus genes-alvo, *NFkB1* e *IL-6*, foi avaliada por PCR em tempo real. A tecnologia TaqMan foi utilizada para analisar a expressão específica de hsa-miR-21-5p, enquanto a tecnologia SYBR Green foi utilizada para quantificar a expressão dos genes alvo no doente e no controlo feminino.

De acordo com a literatura, um estudo sobre o crescimento da placenta humana na população indiana revelou que a sobreexpressão do miR-21-5p estava negativamente associada à sobreexpressão do gene *Phosphatase and TENsin homolog* (*PTEN*). Embora o miR-21-5p possa estar envolvido no crescimento placentário, é pouco provável que esta regulação seja mediada pela expressão placentária do gene *PTEN* (Kochhar et al., 2022).

De acordo com outro estudo realizado na população chinesa, os dados revelaram uma sobreexpressão significativa do miR-21 no tecido placentário macrossómico em comparação com placentas de controlo normais. Estes resultados também são consistentes com um estudo anterior na população dos EUA que relatou uma subexpressão do nível de expressão do miR-21 em tecidos placentários de gravidezes com restrição de crescimento (Maccani et al., 2011; Jiang et al., 2014).

A expressão do hsa-miR-21-5p está associada à fisiopatologia da perda de gravidez. Um estudo da expressão do miR-21-5p em mulheres da população eslovaca que sofrem de pré-eclâmpsia, uma das complicações mais graves da gravidez e uma causa de morte fetal, revelou uma sobre-expressão deste microRNA em gravidezes pré-eclâmpticas em comparação com gravidezes normais. No entanto, a subexpressão deste microRNA foi encontrada em pacientes com adenomiose, uma condição caracterizada pela presença anormal de tecido endometrial na parede muscular do útero e apresentando uma prevalência de 38,2% em casos de perda recorrente de gravidez (Yan et al., 2019; Bertucci et al., 2023).

Infelizmente, não foi possível tirar conclusões conclusivas dos resultados obtidos, uma situação que pode ser explicada pela limitação da utilização de uma única amostra. Esta limitação resulta da raridade de encontrar doentes com mais de quatro abortos sucessivos que ainda não conseguem ter filhos, bem como da curta duração da amostra. Os eventuais resultados deste estudo poderão sugerir uma possível correlação sistemática entre a alteração da via inflamatória e o aborto espontâneo. No entanto, é de salientar que este achado não constitui uma conclusão definitiva sobre a causalidade desta complicação, dada a complexidade da RSA devido à sua natureza multifatorial. Neste contexto, é importante considerar esta abordagem como uma via de investigação científica que abre novas perspectivas sobre a utilização de microRNAs como marcadores de diagnóstico e prognóstico da RSA.

CAPÍTULO 5

Conclusão e perspectivas

A RSA é uma complicação comum da gravidez que representa uma vëritable preocupação na reprodução humana e pode ter um ënorтe impacto na vida do casal. Uma boa compreensão dos mëcanismos envolvidos na manutenção da gravidez continua a ser um tema de interesse crescente para os investigadores. De facto, a monitorização do progresso da gravidez e a deteção de qualquer risco de aborto espontâneo podem ajudar os casais que tiveram ASR a ter sucesso em ter filhos. Apesar dos avanços científicos sobre esta doença multifatorial, ela continua a ser complicada e mal compreendida.

A associação de factores ambientais como a idade materna, a obesidade, o tabagismo e o alcoolismo com genes de suscetibilidade pode induzir a RSA. Os estudos genéticos são numerosos e têm contribuído para a identificação de centenas de genes envolvidos na RSA, bem como dos vários polimorfismos cuja associação com a RSA pode ser determinante ou negativa. Estes estudos permitiram uma compreensão aprofundada do mecanismo fisiopatológico da ASR, com o objetivo de desenvolver terapias preventivas e curativas para esta grave complicação.

Relativamente à gënëtique da ASR, ëtudes recentes têm rëyëк o envolvimento do gene *NFкBI* como gene susceptibil^. No entanto, os seus polimorfismos rs4648143, rs41275743 e, em particular, rs28362491 INDEL não foram considerados nem estudados na patologia da RSA.

O nosso estudo dos três SNPs do gene *NFкBI* mostrou uma frequência gënotípica significativamente ëlevënotípica em doentes portadores de mutações/ins homozigóticos do tipo gënotípico do rs28362491 em comparação com mulheres sem mutações, Também, respetivamente, homozigótico de tipo selvagem e hëtërozygous gënotype de rs4648143, homozigótico de tipo selvagem gënotype de rs41275743. A distribuição da frequência alélica de rs4648143, rs41275743 e rs28362491 mostrou uma diferença significativa entre os doentes e as mulheres de controlo. Fixando os gënotypes homozigóticos selvagens de cada variante como rëfërence (OR = 1,00), os gënotypes hëtërozygous e mutës de rs4648143 e rs41275743 são considerados gërës protetores contra o aborto espontâneo, em contraste com os de rs28362491 que provavelmente induzem RSA. A análise haplotípica confirmou os resultados obtidos, revelando uma dïfërença significativa dos diferentes haplótipos entre pacientes e mulheres sem të, particularmente TAG e AGG que estão mais associados à suscetibilidade das mulheres à RSA.

Os estudos de associação genética continuam a ser essenciais para compreender melhor a fisiopatologia das doenças multifactoriais e são o primeiro passo para identificar os vários biomarcadores, a fim de identificar novos alvos terapêuticos e estabelecer uma nova estratégia para gerir a RSA, como uma estratégia de terapia genética.

Atualmente, é evidente que o papel e o potencial dos microRNAs no desenvolvimento da RSA é incontornável, uma vez que constituem importantes marcadores de diagnóstico e alvos terapêuticos, contribuindo para o desenvolvimento de uma medicina personalizada ao fornecer uma definição molecular do prognóstico da RSA. Assim, a compreensão das vias reguladoras que envolvem os microRNAs poderia ajudar no tratamento da RSA.

A análise da expressão do hsa-miR-21-5p e dos seus genes-alvo evidenciou uma potencial ligação entre a via da inflamação e a ASR, abrindo perspectivas para investigações futuras.

Apesar dos avanços técnicos em genética e genómica, outras perspectivas podem ser consideradas, em particular o estudo da transcriptómica e proteómica de biomarcadores identificados em tecidos abortados. Mais essencialmente, a tecnologia de sequenciação de nova geração (NGS) é uma técnica fiável para descobrir as anomalias e mutações cromossómicas que causam a RSA, oferecendo novos conhecimentos sobre estes mecanismos patológicos.

Referências

A

Conta - GeneCards Suite. https://www.genecards.org/cgi-bin/carddisp.pl?gene=NFKB1.

Ali A, Hadlich F, Abbas MW, Iqbal MA, Tesfaye D, Bouma GJ, Winger QA, Ponsuksili S. 2021. Redes MicroRNA-mRNA em complicações da gravidez:
A
Análise exaustiva a jusante de potenciais biomarcadores. *Int J Mol Sci* **22**.

Alqudah AM, Sallam A, Stephen Baenziger P, Borner A. 2020. GWAS: Identificação e caraterização rápida de genes em cereais temperados: lições da cevada - Uma revisão. *J Adv Res* **22**: 119-135.

Amador MA, Cavalcante GC, Santos NP, Gusmão L, Guerreiro JF, Ribeiro-dos-Santos A, Santos S. 2016. Distribuição das frequências alélicas e genotípicas das variantes IL1A, IL4, NFKB1 e PAR1 em populações nativas americanas, africanas, europeias e brasileiras. *BMC Res Notes* **9**: 101.

AquaPortail, Q. (2021) *Small RNA interf rent*. https://www.aquaportail.com/dictionnaire/definition/14827/petit-arn-interferent.

Arias-Sosa LA, Acosta ID, Lucena-Quevedo E, Moreno-Ortiz H, Esteban-Perez C, Forero-Castro M. 2018. Variações genéticas e epigenéticas associadas à perda recorrente idiopática de gravidez. *Jornal de Reprodução Assistida e Genética* **35**: 355-366.

Arisawa T, Tahara T, Shiroeda H, Yamada K, Nomura T, Yamada H, Hayashi R, Matsunaga K, Otsuka T, Nakamura M et al. 2013. Os polimorfismos funcionais do promotor do NFKB1 influenciam a suscetibilidade ao tipo difuso de cancro gástrico. *Oncol Rep* **30**: 3013-3019.

Armistead B, Kadam L, Drewlo S, Kohan-Ghadr HR. 2020. O papel do NFkappaB na placenta saudável e pré-eclâmptica: trofoblastos no centro das atenções. *Int J Mol Sci* **21**.

ASRM. 2012. Avaliação e tratamento da perda recorrente de gravidez - ASRM

Au - Farine T, Au - Parsons M, Au - Lye S, Au - Shynlova O. 2018. Isolamento de Células Deciduais Humanas Primárias das Membranas Fetais de Placentas a Termo. *JoVE*: e57443.

Bahia W, Soltani I, Abidi A, Haddad A, Ferchichi S, Menif S, Almawi WY. 2020a. Identificação de genes e miRNA associados à perda recorrente idiopática de gravidez: um estudo exploratório de mineração de dados. *BMC Med Genomics* **13**: 75.

Bahia W, Soltani I, Haddad A, Soua A, Radhouani A, Mahdhi A, Ferchichi S. 2020b. Associação de variantes genéticas no recetor de estrogénio (ESR) 1 e ESR2 com suscetibilidade à perda recorrente de gravidez em mulheres tunisinas: um estudo de caso-controlo. *Gene* **736**: 144406.

Barbaro G, Inversetti A, Cristodoro M, Ticconi C, Scambia G, Di Simone N. 2023. HLA-G e perda recorrente de gravidez. in *International Journal of Molecular Sciences*.

Barrett JC, Fry B, Maller J, Daly MJ. 2004. Haploview: análise e visualização de mapas de LD e haplótipos. *Bioinformática* **21**: 263-265.

Bashiri A. 2016. Perda recorrente de gravidez.

Baud V, Jacque EJMS-mS. 2008. Via alternativa de ativação DO NF-κB e cancro: amigo ou inimigo? **24**: 1083-1088.

Bayarsaihan D. 2011. Mecanismos epigenéticos na inflamação. *J Dent Res* **90**: 9-17.

Benammar A, Sermondade N, Faure C, Dupont C, Cedrin-Durnerin I, Sifer C, Hercberg S, Levy R. 2012. Nutrição e aborto espontâneo: uma revisão da literatura. *Gynecologie Obstetrique & Fertilite* **40**: 162-169.

Bender Atik R, Christiansen OB, Elson J, Kolte AM, Lewis S, Middeldorp S, Mcheik S,

Peramo B, Quenby S, Nielsen HS et al. 2023. Diretriz ESHRE: perda recorrente de gravidez: uma atualização em 2022f. *Reprodução humana aberta* **2023**.

Bertucci E, Sileo FG, Diamanti M, Alboni C, Facchinetti F, La Marca A. 2023. How adenomyosis changes throughout pregnancy: A retrospective cohort study. **160**: 856-863.

Bianco B, Lerner TG, Trevisan CM, Cavalcanti V, Christofolini DM, Barbosa CP. 2012. O polimorfismo do promotor funcional do fator nuclear-kB está associado à endometriose e infertilidade. *Hum Immunol* **73**: 1190-1193.

Bigot A. 2009. Identificação e estudo da expressão de genes de desintoxicação nos bivalves de água doce Unio tumidus e Corbicula fluminea: abordagens em laboratório e em ambiente natural.

B0rsting C, Morling N. 2013. Single-Nucleotide Polymorphisms. in *Encyclopedia of Forensic Sciences (Second Edition)* (eds. JA Siegel, PJ Saukko, MM Houck), pp. 233-238. Academic Press, Waltham.

C

Challis JR, Lockwood CJ, Myatt L, Norman JE, Strauss JF, Petraglia F. 2009. Inflammation and Pregnancy (Inflamação e Gravidez). *Reproductive Sciences* **16**: 206-215.

Chatterjee T, De D, Chowdhury S, Bhattacharyya M. 2020. Polimorfismo do promotor funcional do fator nuclear NF-kappaB1 e a sua expressão conferem o risco de dislipidemia associada à diabetes tipo 2. *Mamm Genome* **31**: 252-262.

Chauhan P, Nair A, Patidar A, Dandapat J, Sarkar A, Saha B. 2021. Uma cartilha sobre citocinas.

Cytokine **145**: 155458.

Chen L, Deng H, Cui H, Fang J, Zuo Z, Deng J, Li Y, Wang X, Zhao L. 2018. Respostas inflamatórias e doenças associadas à inflamação em órgãos. *Oncotarget* **9**: 7204-7218.

Chen LP, Cai PS, Liang HB. 2015. Associação dos polimorfismos genéticos do NFKB1 com suscetibilidade ao cancro do ovário. *Genet Mol Res* **14**: 8273-8282.

Chen X, Guo DY, Yin TL, Yang J. 2021. RNAs não codificantes regulam a função do trofoblasto placentário e participam do aborto recorrente. *Front Pharmacol* **12**: 646521.

Comba C, Bastu E, Dural O, Yasa C, Keskin G, Ozsurmeli M, Buyru F, Serdaroglu H. 2015. Papel dos mediadores inflamatórios em pacientes com perda recorrente de gravidez. *Fertilidade e Esterilidade* **104**: 1467-1474.e1461.

D

Daher S, Denardi KdAG, Blotta MHsSL, Mamoni RL, Reck APM, Camano L, Mattar R. 2004. Cytokines in recurrent pregnancy loss. *Journal of Reproductive Immunology* **62**: 151-157.

Daher S, Mattar R, Gueuvoghlanian-Silva BY, Torloni MR. 2012. Polimorfismos genéticos e abortos espontâneos recorrentes: uma visão geral do conhecimento atual. **67**: 341347.

Dana H, Chalbatani GM, Mahmoodzadeh H, Karimloo R, Rezaian O, Moradzadeh A, Mehmandoost N, Moazzen F, Mazraeh A, Marmari V et al. 2017. Mecanismos moleculares e funções biológicas do siRNA. *Int J Biomed Sci* **13**: 48-57.

Das K, Rao LVM. 2022. O papel dos microRNAs na inflamação. *Int J Mol Sci* **23**.

Delabaere A, Huchon C, Lavoue V, Lejeune V, Iraola E, Nedellec S, Gallot V, Capmas P, Beucher G, Subtil D et al. 2014. Padronização da terminologia da perda de gravidez: consenso de especialistas do College national des gynecologues et obstetriciens frangais (CNGOF). *Jornal de Ginecologia Obstétrica e **Biologia** Reprodutiva* **43**: 756-763.

Dimitriadis E, Menkhorst E, Saito S, Kutteh WH, Brosens JJ. 2020. Perda recorrente de gravidez. *Nature Reviews Disease Primers* **6**: 98.

Dong AC, Morgan J, Kane M, Stagnaro-Green A, Stephenson MD. 2020. Hipotireoidismo subclínico e autoimunidade da tireoide na perda recorrente de gravidez: uma revisão sistemática e meta-análise. *Fertilidade e Esterilidade* **113**: 587-600.e581.

E

Edenberg HJ, Xuei X, Wetherill LF, Bierut L, Bucholz K, Dick DM, Hesselbrock V, Kuperman S, Porjesz B, Schuckit MA et al. 2008. Association of NFKB1, which encodes a subunit of the transcription fator NF-kappaB, with alcohol dependence. *Hum Mol Genet* **17**: 963-970.

El Hachem H, Crepaux V, May-Panloup P, Descamps P, Legendre G, Bouet PE. 2017. Perda recorrente da gravidez: perspectivas actuais. *Int J Womens Health* **9**: 331-345.

El-Hoseny R, Neamatallah M, Alghobary M, Zalata A, Comhaire F, El-Beah SM. 2020. O possível papel do polimorfismo NF-kappaB1 Rs28362491 na fertilidade masculina da população egípcia. *Andrologia* **52**: e13659.

ESHRE. 2017. Diretrizes sobre a gestão da perda recorrente da gravidez.

F

Fattal E. 2020. Estratégias terapêuticas para a aplicação clínica de interferentes de RNA. *Bulletin de I'Academie Nationale de Medecine* **204**: 1088-1097.

Ford HB, Schust DJ. 2009. Recurrent pregnancy loss: etiology, diagnosis, and therapy. *Rev Obstet Gynecol* **2**: 76-83.

Fu B, Tian Z, Wei H. 2014. Células TH17 na perda recorrente de gravidez humana e pré-eclâmpsia. *Cell Mol Immunol* **11**: 564-570.

G

Gautam A, Gupta S, Mehndiratta M, Sharma M, Singh K, Kalra OP, Agarwal S, Gambhir JK. 2017. Associação do polimorfismo do gene NFKB1 (rs28362491) com níveis de biomarcadores inflamatórios e suscetibilidade à nefropatia diabética em índios asiáticos. *World J Diabetes* **8**: 66-73.

Ghoshal K, Bhattacharyya M. 2015. Adiponectin: Probe of the molecular paradigm associating diabetes and obesity (Adiponectina: Sonda do paradigma molecular que associa diabetes e obesidade). *World J Diabetes* **6**: 151-166.

Godines-Enriquez MS, Miranda-Velasquez S, Enriquez-Perez MM, Arce-Sanchez L, Martinez-Cruz N, Flores-Robles CM, Aguayo-Gonzalez P, Morales-Hernandez FV, Villarreal-Barranca A, Suarez-Rico BV et al. 2021. Prevalência de autoimunidade tireoidiana em mulheres com perda recorrente de gravidez. *Medicina (Kaunas)* **57**.

Gomez-Chavez F, Correa D, Navarrete-Meneses P, Cancino-Diaz JC, Cancino-Diaz ME, Rodriguez-Martmez S. 2021. NF-κB e seus reguladores durante a gravidez. **12**.

Graham JJ, Longhi MS, Heneghan MA. 2021. Imunidade de células T auxiliares na gravidez e influência na progressão da doença autoimune. *J Autoimmun* **121**: 102651.

H

Hajjej A, Kaabi H, Sellami MH, Dridi A, Jeridi A, El borgi W, Cherif G, Elgaaied A, Almawi WY, Boukef K et al. 2006. The contribution of HLA class I and II alleles and haplotypes to the investigation of the evolutionary history of Tunisians. **68**: 153162.

Hakimi P, Tabatabaei F, Rahmani V, Zakariya NA, Moslehian MS, Bedate AM, Tamadon A,

Rahbarghazi R, Mahdipour M. 2023. MiRNAs desregulados em aborto recorrente: uma revisão sistemática. *Gene* **884**: 147689.

Hamadou I, Garritano S, Romanel A, Naimi D, Hammada T, Demichelis F. 2020. A variante herdada no promotor NFkappaB-1 está associada ao aumento do risco de IBD numa população argelina e modula a ligação SOX9. *Cancer Rep (Hoboken)* **3**: e1240.

Hamilton JP. 2011. Epigenética: princípios e prática. *Dig Dis* **29**: 130-135.

Hocher B, Hocher CF. 2018. Epigenética da perda recorrente de gravidez. *EBioMedicine* **35**: 1819.

Hoeger B, Serwas NK, Boztug K. 2017. Haploinsuficiência humana de NF-kappaB1 e mecanismos e consequências moleculares da doença induzida pelo vírus Epstein-Barr. *Front Immunol* **8**: 1978.

Huxford T, Ghosh G. 2009. Um guia estrutural para as proteínas do módulo de sinalização NF-kappaB. *Cold Spring Harb Perspect Biol* **1**: a000075.

Hyde KJ, Schust DJ. 2015. Considerações genéticas na perda recorrente de gravidez. *Cold Spring Harb Perspect Med* **5**: a023119.

Jairajpuri DS, Malalla ZH, Mahmood N, Khan F, Almawi WY. 2021. MicroRNAs circulantes diferencialmente expressos associados à perda recorrente idiopática de gravidez. *Gene* **768**: 145334.

Jauniaux E, Farquharson RG, Christiansen OB, Exalto N. 2006. Diretrizes baseadas em evidências para a investigação e tratamento médico do aborto recorrente. *Hum Reprod* **21**: 2216-2222.

Jiang H, Wu W, Zhang M, Li J, Peng Y, Miao Tt, Zhu H, Xu G. 2014. Regulação positiva aberrante de miR-21 em tecidos placentários de macrossomia. *Journal of Perinatology* **34**: 658-663.

Jiang S, He F, Gao R, Chen C, Zhong X, Li X, Lin S, Xu W, Qin L, Zhao X. 2021. Razão de neutrófilos e neutrófilos para linfócitos como marcadores de risco clinicamente preditivos para perda recorrente de gravidez. *Ciências da Reprodução* **28**: 1101-1111.

Jie M, Feng T, Huang W, Zhang M, Feng Y, Jiang H, Wen Z. 2021. Localização subcelular de miRNAs e implicações na homeostase celular. *Genes (Basileia)* **12**.

Ju Z, Zheng X, Huang J, Qi C, Zhang Y, Li J, Zhong J, Wang C. 2012. Caracterização funcional de polimorfismos genéticos identificados na região promotora do gene PEPS bovino. *DNA Cell Biol* **31**: 1038-1045.

K

Kanigur sultuybek G, Yenmis G, Soydas T. 2020. As variações funcionais de NFKB1 e NFKB1A em distúrbios inflamatórios e abordagens terapêuticas. *Biomedicina asiática* **14**.

Karban AS, Okazaki T, Panhuysen CIM, Gallegos T, Potter JJ, Bailey-Wilson JE, Silverberg MS, Duerr RH, Cho JH, Gregersen PK et al. 2004. Functional annotation of a novel NFKB1 promoter polymorphism that increases risk for ulcerative colitis (Anotação funcional de um novo polimorfismo do promotor NFKB1 que aumenta o risco de colite ulcerosa). *Human Molecular Genetics* **13**: 35-45.

Kaser D. 2018. O status da triagem genética na perda recorrente de gravidez. *Obstet Gynecol Clin North Am* **45**: 143-154.

Kazerooni T, Ghaffarpasand F, Asadi N, Dehkhoda Z, Dehghankhalili M, Kazerooni Y. 2013. Correlação entre trombofilia e perda recorrente de gravidez em pacientes com síndrome dos ovários policísticos: um estudo comparativo. *Jornal da Associação Médica Chinesa* **76**: 282-

288.

Kiselev IS, Kulakova OG, Boyko AN, Favorova OO. 2021. Metilação do DNA como um mecanismo epigenético no desenvolvimento da esclerose múltipla. *Ata Naturae* **13**: 45-57.

Kochhar P, Dwarkanath P, Ravikumar G, Thomas A, Crasta J, Thomas T, Kurpad AV, Mukhopadhyay A. 2022. Expressão placentária de miR-21-5p, miR-210-3p e miR-141-3p: relação com o crescimento fetoplacentário humano. *Jornal Europeu de Nutrição Clínica* **76**: 730-738.

Korzeniewski S, Hofman P, Brest PJMS. 2013. Polimorfismos silenciosos em vez de ruidosos. **29**: 124-126.

Kutteh WH, Stephenson MD. 2006. Chapter 55 - Recurrent Pregnancy Loss. in *Clinical Gynecology* (eds. EJ Bieber, JS Sanfilippo, IR Horowitz), pp. 797-802, Churchill Livingstone, Philadelphia.

Kwak-Kim J, Bao S, Lee SK, Kim JW, Gilman-Sachs A. 2014. Modos imunológicos de perda de gravidez: inflamação, efetores imunológicos e estresse. *Jornal Americano de Imunologia Reprodutiva* **72**: 129-140.

L

Lee HL, Jang JW, Lee SW, Yoo SH, Kwon JH, Nam SW, Bae SH, Choi JY, Han NI, Yoon SK. 2019. Citocinas inflamatórias e alteração do equilíbrio Th1 / Th2 como indicadores prognósticos para carcinoma hepatocelular em pacientes tratados com quimioembolização transarterial. *Scientific Reports* **9**: 3260.

Lëgarë C, Cimento A-A, Desgag^ V, Thibeault K, White F, Guay S-P, Arsenault BJ, Scott MS, Jacques P-E, Perron P et al. 2022. MiRNAs associados à gravidez no plasma humano e sua variação temporal no primeiro trimestre da gravidez. *Biologia Reprodutiva e Endocrinologia* **20**: 14.

Liu T, Zhang L, Joo D, Sun S-C. 2017. Sinalização de NF-κB na inflamação. *Transdução de sinal e terapia direcionada* **2**: 17023.

Lo W, Rai R, Hameed A, Brailsford SR, Al-Ghamdi AA, Regan L. 2012. O efeito do índice de massa corporal no resultado da gravidez em mulheres com aborto espontâneo recorrente. **19**: 167-171.

Logan MK, Lett KE, McLaurin DM, Hebert MD. 2022. Coilin como um regulador da inflamação mediada por NF-kB na pré-eclâmpsia. *Biol Open* **11**.

Lordan R, Tsoupras A, Zabetakis I. 2019. Capítulo 2 - Inflamação. in *O Impacto da Nutrição e das Estatinas nas Doenças Cardiovasculares* (eds. I Zabetakis, R Lordan, A Tsoupras), pp. 23-51. Academic Press.

M

Maccani MA, Padbury JF, Marsit CJ. 2011. A expressão de miR-16 e miR-21 na placenta está associada ao crescimento fetal. *PLoS One* **6**: e21210.

Mattick JS, Amaral PP, Carninci P, Carpenter S, Chang HY, Chen L-L, Chen R, Dean C, Dinger ME, Fitzgerald KA et al. 2023. RNAs longos não-codificantes: definições, funções, desafios e recomendações. *Nature Reviews Molecular Cell Biology* **24**: 430-447.

Merviel P, Lanta S, Allier G, Gagneur O, Najas S, Nasreddine A, Campy H, Verhoest P, Naepels P, Gondry J et al. 2005. Abortos espontâneos a repetição. *EMC - Gynecologie-Obstetrique* **2**: 278-296.

Miller, S.A., Dykes, D.D. e Polesky, H.F. 1988. Um procedimento simples de salga para a extração de ADN de células nucleadas humanas. *Nucleic Acids Research*, **16**: 1215-1215.

Misra MK, Singh B, Mishra A, Agrawal S. 2016. As variantes do gene co-estimulatório CD28 e do fator de transcrição NFKB1 afetam abortos recorrentes idiopáticos. *Journal of Human Genetics* **61**: 1035-1041.

Montpetit A, Chagnon FJMS. 2006. O mapa haplotípico do дёпоте humano. **22**: 1061-1068.

Mor G, Cardenas I, Abrahams V, Guller S. 2011. Inflamação e gravidez: o papel do sistema imunitário no local de implantação. *Ann N Y Acad Sci* **1221**: 80-87.

Mtiraoui N, Borgi L, Hizem S, Nsiri B, Finan RR, Gris J-C, Almawi WY, Mahjoub T. 2005. Prevalência de anticorpos antifosfolípidos, fator V G1691A (Leiden) e mutações da protrombina G20210A na perda de gravidez recorrente precoce e tardia. *European Journal of Obstetrics & Gynecology and Reproductive Biology* **119**: 164170.

N

Neininger K, Marschall T, Helms V. 2019. Frequências de SNP e indel nos locais de início da transcrição e nos locais de início da tradução canónica e alternativa no genoma humano. *PLoS One* **14**: e0214816.

Ng KYB, Cherian G, Kermack AJ, Bailey S, Macklon N, Sunkara SK, Cheong Y. 2021. Revisão sistemática e meta-análise de fatores de estilo de vida feminino e risco de perda recorrente de gravidez. *Sci Rep* **11**: 7081.

Novo-Veleiro I, Cieza-Borrella C, Pastor I, Gonzalez-Sarmiento R, Laso FJ, Marcos M. 2018. Análise da relação entre polimorfismos de interleucina nas regiões de ligação de miRNA e doença hepática alcoólica. *Rev Clin Esp (Barc)* **218**: 170-176.

O

O'Brien J, Hayder H, Zayed Y, Peng C. 2018. Visão geral da biogênese, mecanismos de ações e circulação de microRNA. *Front Endocrinol (Lausanne)* **9**: 402.

P

Park JC, Han JW, Lee SK. 2022. Capítulo 3 - Patologia das células T auxiliares e perdas recorrentes de gravidez; Th1/Th2, Treg/Th17, e outras respostas das células T. in *Immunology of Recurrent Pregnancy Loss and Implantation Failure* (ed. J Kwak-Kim), pp. 27-53. Academic Press.

Pei C-Z, Kim YJ, Baek K-H. 2019. Fatores patogenéticos envolvidos na perda recorrente de gravidez de múltiplos aspectos. *ogs* **62**: 212-223.

Peterson JM, Bakkar N, Guttridge DC. 2011. Capítulo quatro - NF-κB Signaling in Skeletal Muscle Health and Disease. in *Current Topics in Developmental Biology* (ed. Gk Pavlath), pp. 85-119. Academic Press.

Priya PK, Mishra VV, Roy P, Patel H. 2018. Um Estudo sobre Translocações Cromossómicas Equilibradas em Casais com Perda Recorrente de Gravidez. *J Hum Reprod Sci* **11**: 337-342.

R

RNACentral (sem data). https://rnacentral.org/rna/URS000039ED8D/9606.

RS41275743 Relatório REFSNP - DBSNP - NCBI (2022). https://www.ncbi.nlm.nih.gov/snp/rs41275743.

RS4648143 Relatório REFSNP - DBSNP - NCBI (2022). https://www.ncbi.nlm.nih.gov/snp/rs4648143.

S

Salimi S, Sargazi S, Mollashahi B, Heidari Nia M, Mirinejad S, Majidpour M, Ghasemi M,

Sargazi S. 2022. Associação de Polimorfismos no miR146a, um MicroRNA Associado à Inflamação, com o Risco de Aborto Espontâneo Recorrente Idiopático: Um Estudo de Caso-Controle. *Dis Markers* **2022**: 1495082.

Savagner F, Le Pennec S, Rivalin R, Eyer J. 2015. Os microARNs. *Revue Francophone des Laboratoires* **2015**: 49-54.

Sejoume N, Callahan S, Chabrol H. 2008. The psychological impact of miscarriage: a review of the literature. *Journal de Gynecologie Obstetrique et Biologie de la Reproduction* **37**: 435-440.

Shaheen, Saxena U. 2022. Associação entre a infeção por Chlamydia trachomatis e a perda recorrente de gravidez. *International Journal of Reproduction, Contraception, Obstetrics and Gynecology* **11**: 557+.

Soydas T, Karaman O, Arkan H, Yenmis G, Ilhan MM, Tombulturk K, Tasan E, Kanigur Sultuybek G. 2016. A Correlação de Níveis Aumentados de PCR com Polimorfismos NFKB1 e TLR2 no Caso da Obesidade Mórbida. *Scand J Immunol* **84**: 278283.

Statello L, Guo C-J, Chen L-L, Huarte M. 2021. Regulação de genes por RNAs longos não codificantes e suas funções biológicas. *Nature Reviews Molecular Cell Biology* **22**: 96-118.

Stefanidou EM, Caramellino L, Patriarca A, Menato G. 2011. Consumo materno de cafeína e aborto espontâneo recorrente sine causa. *European Journal of Obstetrics & Gynecology and Reproductive Biology* **158**: 220-224.

Sun J, Cai X, Shen J, Jin G, Xie Q. 2020. Correlação entre polimorfismos de nucleotídeo único no 3'-UTR do gene NFKB1 e lesão renal aguda na sepse. *Genet Test Mol Biomarkers* **24**: 274-284.

Sun SC. 2017. A via não canónica do NF-kappaB na imunidade e inflamação. *Nat Rev Immunol* **17**: 545-558.

T

Toupet A, Tlieau A, Goffinet F, Tsatsaris V. 2015. Perdas de gravidez a rёpёййоп: ёtiologias e work-up, o ponto de vista do gynёcologue-obstёtricien. *La Revue de Medecine Interne* **36**: 182-190.

Treiber T, Treiber N, Meister G. 2019. Regulação da biogênese do microRNA e seu crosstalk com outras vias celulares. *Nature Reviews Molecular Cell Biology* **20**: 5-20.

Turesheva A, Aimagambetova G, Ukybassova T, Marat A, Kanabekova P, Kaldygulova L, Amanzholkyzy A, Ryzhkova S, Nogay A, Khamidullina Z et al. 2023. Etiologia, factores de risco, diagnóstico e tratamento da perda de gravidez recorrente. Fresh Look into a Full Box. *J Clin Med* **12**.

Turocy JM, Rackow BW. 2019. Fator uterino na perda recorrente da gravidez. *Semin Perinatol* **43**: 74-79.

U

Uffelmann E, Huang QQ, Munung NS, de Vries J, Okada Y, Martin AR, Martin HC, Lappalainen T, Posthuma D. 2021. Estudos de associação de todo o genoma. *Nature Reviews Methods Primers* **1**: 59.

V

Vieira ML, Santini L, Diniz AL, Munhoz Cde F. 2016. Marcadores microssatélites: o que significam e porque são tão úteis. *Genet Mol Biol* **39**: 312-328.

Vomstein K, Feil K, Strobel L, Aulitzky A, Hofer-Tollinger S, Kuon RJ, Toth B. 2021.

Fatores de risco imunológicos na perda recorrente de gravidez: diretrizes versus estado atual da arte. *J Clin Med* **10**.

W

Wang W, Zhao Y, Zhou X, Sung N, Chen L, Zhang X, Ma D, Zhu P, Kwak-Kim J. 2022. Dynamic changes in regulatory T cells during normal pregnancy, recurrent pregnancy loss, and gestational diabetes. *Journal of Reproductive Immunology* **150**: 103492.

Witte, J.S. 2010. Genome-Wide Association Studies and Beyond (Estudos de associação de todo o genoma e mais além). *Revisão Anual de Saúde Pública,* **31**: 9-20.

X

Xu N, Zhou X, Shi W, Ye M, Cao X, Chen S, Xu C. 2022. Análise integrativa de microRNAs circulantes e do transcriptoma placentário na perda recorrente de gravidez. **13**.

Y

Yan Q, Yan G, Zhang C, Wang Z, Huang C, Wang J, Zhou J, Liu Y, Ding L, Zhang Q et al. 2019. miR-21 reverte a decidualização prejudicada através da modulação da expressão de KLF12 e NR4A1 em células estromais endometriais humanasf. *Biologia da Reprodução* **100**: 1395-1405.

Yang L, Cai C, Fang S, Hao S, Zhang T, Zhang L. 2022. Alterações na expressão das subunidades do fator nuclear kappa B no timo ovino durante o início da gravidez. *Scientific Reports* **12**: 17683.

Yang W, Kang X, Yang Q, Lin Y, Fang M. 2013. Revisão sobre o desenvolvimento de métodos de genotipagem para avaliar a diversidade de animais de criação. *Jornal de Ciência Animal e Biotecnologia* **4**: 2.

Yang X, Tian Y, Zheng L, Luu T, Kwak-Kim J. 2023. A Atualização do Papel Imuno-Regulador das Citocinas Pró e Anti-Inflamatórias nas Perdas Recorrentes de Gravidez. **24**: 132.

Yazdani N, Shekari Khaniani M, Bastami M, Ghasemnejad T, Afkhami F, Mansoori Derakhshan S. 2018. Variantes regulatórias HLA-G e haplótipos com suscetibilidade à perda recorrente de gravidez. *Revista Internacional de Imunogenética* **45**: 181-189.

Yenmis G, Soydas T, Arkan H, Tasan E, Kanigur Sultuybek G. 2018. A variação genética no gene NFKB1 influencia os níveis de enzimas hepáticas em mulheres com obesidade mórbida. *Arch Iran Med* **21**: 13-18.

Yu W, Bao S. 2022. Associação de factores masculinos com perda recorrente de gravidez. *Jornal de Imunologia Reprodutiva* **154**: 103758.

Z

Zhang JM, An J. 2007. Cytokines, inflammation, and pain (Citocinas, inflamação e dor). *Int Anesthesiol Clin* **45**: 27-37.

Zhang N, Huang D, Jiang G, Chen S, Ruan X, Chen H, Huang J, Liu A, Zhang W, Lin X et al. *2022.* Genome-Wide 3'-UTR Single Nucleotide Polymorphism Association Study Identifies Significant Prostate Cancer Risk-Associated Functional Loci at 8p21.2 in Chinese Population. **9**: 2201420.

Zhang Q, Tian P, Xu H. 2021. MicroRNA-155-5p regula a sobrevivência de células estromais da decídua humana através de NF-κB em aborto recorrente. *Reproductive Biology* **21**: 100510.

Zhao Y, Zhang X, Du N, sun H, Chen L, Bao H, Zhao Q, Qu Q, Ma D, Kwak-Kim J et al. 2020. Moléculas de ponto de verificação imunológico em subconjuntos de células T de gestações com pré-eclâmpsia e diabetes mellitus gestacional. *Jornal de Imunologia Reprodutiva* **142**: 103208.

Zhou Q, Xiong Y, Qu B, Bao A, Zhang Y. 2021. Metilação do DNA e perda recorrente de gravidez: uma bússola misteriosa? *Front Immunol* **12**: 738962.

Zhu X, Chen Z, Shen W, Huang G, Sedivy JM, Wang H, Ju Z. 2021. Inflamação, epigenética e metabolismo convergem para a senescência celular e o envelhecimento: a regulação e a intervenção. *Signal Transduction and Targeted Therapy* **6**: 245.

Buy your books fast and straightforward online - at one of world's fastest growing online book stores! Environmentally sound due to Print-on-Demand technologies.

Buy your books online at
www.morebooks.shop

Compre os seus livros mais rápido e diretamente na internet, em uma das livrarias on-line com o maior crescimento no mundo! Produção que protege o meio ambiente através das tecnologias de impressão sob demanda.

Compre os seus livros on-line em
www.morebooks.shop

Printed by Books on Demand GmbH, Norderstedt / Germany